新视野电子电气科技丛书

EDA技术与VHDL实用教程

陈福彬　王丽霞　编著

清华大学出版社
北京

内容简介

本书是EDA技术与VHDL的入门教材，主要介绍了VHDL语言、Quartus Ⅱ工具、FPGA设计技巧以及典型设计案例，所有设计实例结合Altera公司DE2实验开发装置设计。本书通过大量的设计实例，力求使读者能顺利掌握VHDL语言编程并应用EDA技术设计现代数字系统。

本书根据初学者的学习习惯安排章节。全书共8章，分别为概述、VHDL设计初步、Quartus Ⅱ软件开发指南、VHDL设计进阶、典型电路的VHDL设计、VHDL有限状态机设计、数字系统设计、EDA技术实验。全书提供了大量设计实例，并且为每一个设计提供了完整的程序代码，所有程序均经过软硬件验证测试。

本书可作为高等院校电子信息类、自动化类、计算机类以及相关专业的教材，也可作为FPGA开发设计的自学参考书。

图书在版编目(CIP)数据

EDA技术与VHDL实用教程/陈福彬，王丽霞编著.—北京：清华大学出版社，2021.4(2025.2重印)
(新视野电子电气科技丛书)
ISBN 978-7-302-57616-7

Ⅰ.①E… Ⅱ.①陈… ②王… Ⅲ.①电子电路—电路设计—计算机辅助设计—教材 ②VHDL语言—程序设计—教材 Ⅳ.①TN702.2 ②TP301.2

中国版本图书馆CIP数据核字(2021)第033514号

责任编辑：文　怡
封面设计：王昭红
责任校对：徐俊伟
责任印制：宋　林

出版发行：清华大学出版社
　　网　　址：https://www.tup.com.cn，https://www.wqxuetang.com
　　地　　址：北京清华大学学研大厦A座　　**邮　　编**：100084
　　社 总 机：010-83470000　　**邮　　购**：010-62786544
　　投稿与读者服务：010-62776969，c-service@tup.tsinghua.edu.cn
　　质量反馈：010-62772015，zhiliang@tup.tsinghua.edu.cn
　　课件下载：https://www.tup.com.cn，010-83470236
印 装 者：三河市铭诚印务有限公司
经　　销：全国新华书店
开　　本：185mm×260mm　　**印　张**：11.5　　**字　　数**：291千字
版　　次：2021年4月第1版　　**印　　次**：2025年2月第4次印刷
印　　数：3301～3600
定　　价：42.00元

产品编号：089459-01

前言 FOREWORD

随着 EDA 技术的快速发展，现代数字系统的开发与设计广泛采用 EDA 技术，主要利用 CPLD/FPGA 实现，甚至将系统集成在单一芯片上。它们的特点是直接面向用户、具有极大的灵活性和通用性、使用方便、硬件测试和实现快捷、开发效率高、成本低、技术维护简单、工作可靠性好等。FPGA 和 CPLD 的应用是 EDA 技术有机融合软硬件电子设计技术、SOC 和 ASIC 设计，以及对自动设计与自动实现最典型的诠释。

市面上关于 EDA 技术与 VHDL 的书籍已经汗牛充栋，为什么编者还要不辞劳苦地添砖加瓦呢？本书与其他 EDA 技术与 VHDL 教材不同的是：

(1) 真正面向初学者。

目前高校开设的 EDA 技术课程普遍存在内容信息量大与学时少的矛盾，作为入门教材，本书内容力求精炼，不追求面面俱到，只求深入浅出。VHDL 语言部分并未覆盖所有的语法，只介绍常用的语法，因为有些语法在一般设计中根本不会使用到。那些枯燥的语法不但无助于提高初学者的设计水平，反而容易挫伤初学者的学习积极性。本书希望成为一本真正把初学者带入 VHDL 设计大门的入门教程。

(2) 内容精练，学、练相融合。

本书内容按照循序渐进的原则，主要包括设计初步、设计进阶、设计实例，通过大量的设计实例，边学边练，帮助读者在最短的时间内掌握 FPGA 设计的基本方法和技巧，掌握 VHDL 语言编程和数字电路系统的设计方法。值得一提的是，本书是一本面向实际应用的入门教程，书中所用的 VHDL 语句均为可综合的 VHDL 语句，所有程序均在实验装置上测试通过。

为了贴近初学者的学习习惯，根据作者亲身学习体会及多年教学情况，将本书内容分为 8 章。

第 1 章简要介绍 EDA 技术及其内容，并对 FPGA/CPLD 的结构、原理进行了介绍，对可编程逻辑器件设计流程进行简要说明。

第 2 章 VHDL 设计初步，VHDL 主要用于描述数字系统的接口、结构和行为功能，本章遵循 VHDL 的结构顺序，依次介绍说明 VHDL 的程序结构、文字规则和语法要素，为学习 VHDL 奠定语法基础。

第 3 章介绍 FPGA 的设计流程，以 Quartus Ⅱ软件为平台，以分频电路为例，介绍从设计输入到程序下载的一系列 FPGA 设计流程。读者可根据设计实例步骤逐步实现一个分频电路程序在软件上的设计实现。

第 4 章讲述常用的并行语句和顺序语句，以及进行 VHDL 层次化的设计方法，对

VHDL 设计的学习重点及难点进行了讲解。

第 5 章介绍利用 VHDL 进行电路设计的一些典型实例，包括常用的组合逻辑电路、计数器电路、各种形式的分频电路、LED 显示电路、LCD 显示电路、键盘扫描电路以及常用的三态缓冲器和总线缓冲器等接口电路的设计。

第 6 章讲述状态机在 VHDL 中的实现。状态机是一种思想方法，它的本质就是对具有逻辑顺序或时序规律事件的一种描述方法。状态机适合用于描述状态及状态的转移。

第 7 章通过综合性实例交通灯控制器设计、数字钟电路设计对数字系统设计方法进行描述。

第 8 章为基于 EDA 技术实验，包括基础实验和综合设计实验。

附录介绍了 DE2 开发平台的资源以及使用方法，利用该平台能够方便完成各种实验项目。

本书适合初学者使用，可作为高等院校电子信息类、自动化类、计算机类以及相关专业的教材，也可作为 FPGA 开发设计的自学参考书。

本书第 1～4 章及第 6～8 章由陈福彬编写，第 5 章由王丽霞编写。陈福彬完成全书的修改及统稿。

由于编者水平有限，书中不足之处在所难免，欢迎广大同行和读者批评指正。

编　者

2021 年 3 月于北京

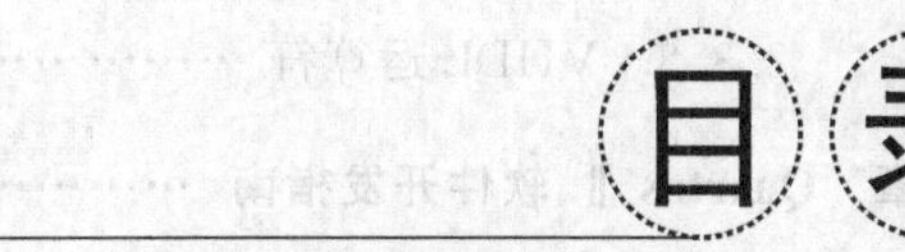

目录 CONTENTS

第1章

概 述

1.1 EDA 技术

1.1.1 EDA 技术简介

EDA(Electronic Design Automation)是电子设计自动化的简称,有广义和狭义两方面的含义。

广义 EDA 技术：以计算机为工作平台,融合了应用电子技术、计算机技术、信息处理及智能化等多种技术的最新成果,实现电子产品的自动设计。EDA 技术是随 CAI、CAD、CAE、CAM、CAT、CAPP 等概念发展起来的新型技术,代表了电子设计技术和应用技术的发展方向。

狭义 EDA 技术：以大规模可编程逻辑器件为设计载体,以硬件描述语言为系统逻辑描述的主要表达方式,以计算机、大规模可编程器件的开发软件及实验开发系统为设计工具,自动完成用软件方式描述的电子系统到硬件系统的逻辑编译、逻辑化简、逻辑分割、逻辑综合及优化、布局布线、逻辑仿真,直至完成对于特定目标芯片的适配编译、逻辑映射、编程下载等工作,最终形成集成电子系统或专用集成芯片的一门多学科融合的新技术,是微电子技术和电子设计技术共同发展的结果。本书讨论的是狭义 EDA 技术。

EDA 技术的特点主要包括：

(1) 用软件的方式设计硬件；

(2) 用软件方式设计的系统到硬件系统的转换是由有关的开发软件自动完成的；

(3) 设计过程中可用有关软件进行各种仿真；

(4) 系统可现场编程,在线升级；

(5) 整个系统可集成在一个芯片上,体积小、功耗低、可靠性高。

因此,EDA 技术是现代电子设计的发展趋势。

1.1.2 EDA技术的发展历程

回顾电子设计技术的发展历程,可以分为三个阶段。

1. CAD(计算机辅助设计)阶段

20世纪60—80年代以PCB制作为主,开始用计算机辅助进行PCB布线设计、电路模拟、逻辑模拟及IC版图的绘制等,主要解决绘图和计算问题,如用于PCB布线的TANGO、用于电路仿真的Pspice软件,但不能提供系统级的仿真与综合。

2. CAE(计算机辅助工程)阶段

20世纪80—90年代以电路仿真、分析为代表。与CAD相比,CAE除了具有纯粹的图形绘制功能外,还增加了电路功能设计和结构设计,并且通过电气连接网络表将两者结合在一起,实现了工程设计。CAE的主要功能是原理图输入、逻辑仿真、电路分析、自动布局布线和PCB后分析。

3. EDA阶段

20世纪90年代以后以复杂电路设计、可编程器件设计为代表,可以应用IP核,制作ASIC器件。EDA代表了当今电子设计技术的最新发展方向,设计人员按照"自顶向下"的设计方法,对整个系统进行方案设计和功能划分,系统的关键电路用一片或几片专用集成电路(ASIC)实现,然后采用硬件描述语言(HDL)完成系统行为级设计,最后通过综合器和适配器生成最终的目标器件,这样的设计方法称为高层次的电子设计方法。

目前的EDA软件有三种类型:

(1) 用于可编程逻辑器件的设计软件;

(2) 用于ASIC器件设计的软件;

(3) 用于系统仿真、PCB设计、混合电路设计等的软件。

1.2 EDA技术的内容

EDA技术内容涉及广泛,初学者应该掌握四个方面的内容:可编程逻辑器件、硬件描述语言、EDA软件开发工具、硬件开发系统。

1.2.1 可编程逻辑器件

数字电路课程主要采用中、小规模器件(74、54系列)设计数字电路,采用"搭积木"的方式进行设计,必须熟悉各种中小规模芯片的使用方法,从中挑选最合适的器件,缺乏灵活性;设计系统所需要的芯片种类多,且数量很大。

可编程逻辑器件(Programmable Logic Devices,PLD)的出现改变了这一切,它是一种由用户编程来实现某种逻辑功能的新型逻辑器件。PLD能完成任何数字器件的功能,上至高性能CPU,下至简单的74系列电路,都可以用PLD来实现。PLD如同一张白纸,工程师可以通过传统的原理图输入法,或是硬件描述语言自由地设计一个数字系统。通过软件仿真,可以事先验证设计的正确性。使用PLD开发数字电路,可以大大缩短设计时间,减少PCB面积,提高系统的可靠性。

1. PLD器件的基本模型

数字电路分为组合逻辑电路和时序逻辑电路,任何组合逻辑电路都可表示为其所有输入信号的最小项的和或者最大项的积的形式。时序逻辑电路包含可记忆器件(触发器),其反馈信号和输入信号通过逻辑关系再决定输出信号。按照这一理论依据,PLD的基本结构如图1-1所示。PLD的主体由与阵列和或阵列构成,如虚线框所示。各部分的功能如下:

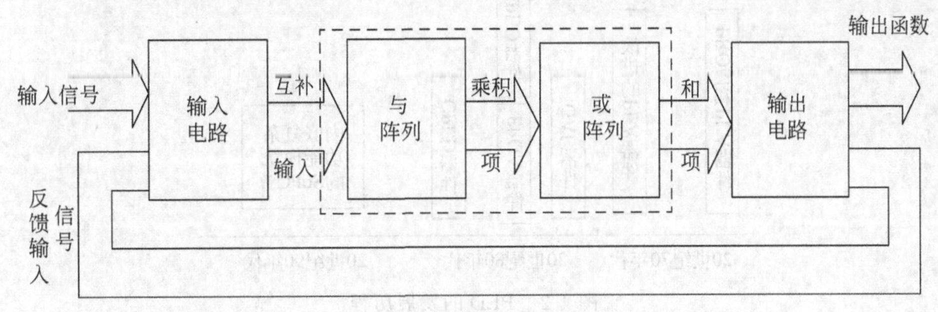

图1-1 PLD的基本结构

1)与阵列和或阵列

与阵列用以产生有关与项,或阵列把所有与项相加构成“与或”形式的逻辑函数。

2)输入电路

输入电路中为了适应各种输入情况,每一个输入信号都配有一缓冲电路,使其具有足够的驱动能力,同时产生原变量和反变量输出,产生互补信号输入。

3)输出电路

输出电路的输出方式有多种,可以由或阵列直接输出,构成组合方式输出;也可以通过寄存器输出,构成时序方式输出。输出既可以是低电平有效,也可以是高电平有效;既可以直接接外部电路,也可以反馈到输入与阵列。

2. PLD的发展历程

早期的可编程逻辑器件只有可编程只读存储器(PROM)、紫外线可擦除只读存储器(EPROM)和电可擦除只读存储器(EEPROM)三种。由于结构的限制,它们只能完成简单的数字逻辑功能。其后,出现了一类结构稍复杂的可编程芯片,即可编程逻辑器件(PLD),它能够完成各种数字逻辑功能。这一阶段的产品主要有PAL(可编程阵列逻辑)和GAL(通用阵列逻辑)。PAL由一个可编程的与平面和一个固定的或平面构成,或门的输出可以通过触发器有选择地被置为寄存状态。PAL器件是现场可编程的,它的实现工艺有反熔丝技术、EPROM技术和EEPROM技术。还有一类结构更为灵活的逻辑器件是可编程逻辑阵列(PLA),它也由一个与平面和一个或平面构成,但是这两个平面的连接关系是可编程的。PLA器件既有现场可编程的,也有掩膜可编程的。在PAL的基础上,又发展了一种通用阵列逻辑(Generic Array Logic,GAL),如GAL16V8、GAL22V10等。GAL采用了EEPROM工艺,实现了电可擦除、电可改写,其输出结构是可编程的逻辑宏单元,因而它的设计具有很强的灵活性,至今仍有许多人使用。这些早期的PLD器件的一个共同特点是可以实现速度特性较好的逻辑功能,但其过于简单的结构也使它们只能实现规模较小的电路。

为了弥补这一缺陷,20世纪80年代中期。Altera和Xilinx分别推出了类似于PAL结构的扩展型复杂可编程逻辑器件(Complex Programmable Logic Device,CPLD)和与标准门阵列类似的现场可编程门阵列(Field Programmable Gate Array,FPGA),它们都具有体系结构和逻辑单元灵活、集成度高以及适用范围宽等特点。这两种器件兼容了PLD和通用门阵列的优点,可实现较大规模的电路,编程也很灵活。目前的逻辑器件主要包括FPGA和CPLD两大类。PLD的发展历程如图1-2所示。

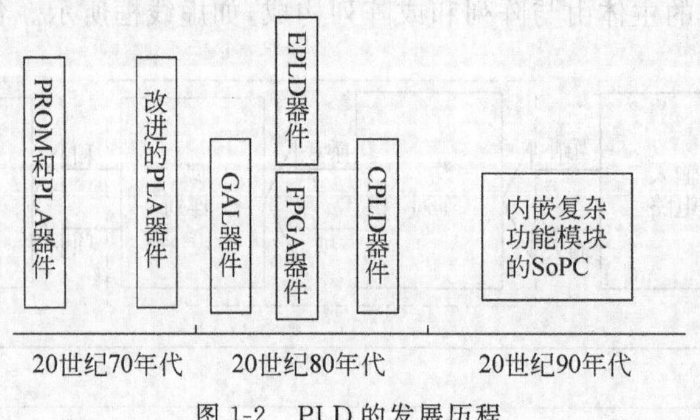

图1-2 PLD的发展历程

1.2.2 硬件描述语言

1. HDL简介

EDA技术进行电子系统设计的输入方式主要有原理图输入与硬件描述语言(HDL)文本输入,它们之间的区别是:图形输入是你画的就是你得到的,"告诉我你想要什么硬件,我会给你的";而HDL是你写的是你得到的功能,"告诉我你的电路应该如何工作,HDL编译器会给你硬件来完成工作,"设计人员无法控制电路的实现方式。

硬件描述语言主要包括VHDL、Verilog和ABEL语言。VHDL具有强大的行为描述能力、丰富的仿真语句和库函数,对设计的描述也具有相对独立性。Verilog的最大特点是易学易用,语法比较自由。ABEL是早期的硬件描述语言支持逻辑电路的多种表达形式,其中包括逻辑方程、真值表和状态图。

硬件描述语言与计算机语言的区别是:

(1) 运行的基础不同。计算机语言是在CPU+RAM构建的平台上运行;HDL设计的结果是由具体的逻辑门、触发器组成的数字电路。

(2) 执行方式不同。计算机语言基本上以串行的方式执行;HDL在总体上是以并行方式工作。

(3) 验证方式不同。计算机语言主要关注变量值的变化;HDL要实现严格的时序逻辑关系。

HDL的特点:

(1) HDL的可综合性问题。

HDL有两种用途:系统仿真和硬件实现。如果程序只用于仿真,那么几乎所有的语法和编程方法都可以使用。但如果程序是用于硬件实现(例如,用于FPGA设计),那么必须保证程序"可综合"(程序的功能可以用硬件电路实现)。不可综合的HDL语句在软件综合时将被忽略或者报错。应当牢记一点:"所有HDL描述都可以用于仿真,但不是所有HDL描述都能用硬件实现。"

(2) 用硬件电路设计思想来编写 HDL。

学好 HDL 的关键是充分理解 HDL 语句和硬件电路的关系。编写 HDL,就是在描述一个电路、完成一段程序以后,应当对生成的电路有一些大体上的了解,而不能用纯软件的设计思路来编写硬件描述语言。要做到这一点,需要多实践,多思考,多总结。

(3) HDL 与原理图输入法的关系。

HDL 和传统的原理图输入方法的关系就好比是高级语言和汇编语言的关系。HDL 的可移植性好,使用方便,但效率不如原理图;原理图输入的可控性好,效率高,比较直观,但设计大规模 CPLD/FPGA 时显得很烦琐,移植性差。在 PLD/FPGA 设计中,建议采用原理图和 HDL 结合的方法来设计,适合用原理图的地方就用原理图,适合用 HDL 的地方就用 HDL。在最短的时间内,用自己最熟悉的工具设计出高效、稳定、符合设计要求的电路才是我们的最终目的。

2. VHDL 简介

VHDL 的全称是 Very High Speed Integrated Circuit (VHSIC) Hardware Description Language,诞生于 1981 年美国国防部赞助的研究计划,目的是把电子电路的设计以电子文档的方式保存下来;1983—1985 年,IBM、TI 等公司对其进行了细致开发;1987 年年底,VHDL 被 IEEE 和美国国防部确认为标准硬件描述语言,即 IEEE-1076(简称 87 版);1993 年,IEEE 对 VHDL 进行了修订,公布了新版本的 VHDL,即 IEEE 标准的 1076-1993(1164)版本;1996 年,IEEE 又推出 IEEE-1076.3 和 IEEE-1076.4,以解决可综合 VHDL 描述在不同 EDA 厂商之间的移植问题,以及 ASIC/FPGA 的门级描述问题。

VHDL 的主要特点:

(1) 支持"自顶向下"的设计方法。设计可按层次分解,采用结构化设计,可实现多人、多任务的并行工作方式,提高系统的设计效率。

(2) 系统仿真能力强。VHDL 丰富的仿真语句和库函数,使得在设计的早期就能查验设计系统的功能可行性,随时可对设计进行仿真模拟。

(3) 系统硬件描述能力强。可以同时支持行为描述、数据流描述和结构描述 3 种描述方式,并可以混用。VHDL 语句的行为描述能力和程序结构决定了其具有支持大规模设计的分解和已有设计的再利用功能。

(4) VHDL 设计描述相对独立。设计者可以不懂硬件的结构,也不必管最终设计实现的目标器件是什么,而进行独立的设计。

1.2.3　EDA 软件开发工具

当今广泛使用的是以开发 FPGA 和 CPLD 为主的 EDA 工具。通常 EDA 工具是集成在一起的,主要包括如下 5 个模块:

(1) 设计输入编辑器;

(2) HDL 综合器;

(3) 仿真器;

(4) 适配器(或布局布线器);

(5) 下载器。

目前主流的 EDA 工具软件主要有:

1. Altera：Quartus Ⅱ

Quartus Ⅱ 是 Altera 公司的综合性 CPLD/FPGA 开发软件，支持原理图、VHDL、VerilogHDL 以及 AHDL（Altera Hardware 支持 Description Language）等多种设计输入形式，内嵌自有的综合器以及仿真器，可以完成从设计输入到硬件配置的完整 PLD 设计流程。

2. Xilinx：ISE、Vivado

ISE 的全称为 Integrated Software Environment，即“集成软件环境”，是 Xilinx 公司的硬件设计工具，是相对容易使用的、首屈一指的 PLD 设计环境，ISE 将先进的技术与灵活性、易使用性的图形界面结合在一起。

Vivado 设计套件，是 Xilinx 公司 2012 年发布的集成设计环境，包括高度集成的设计环境和新一代从系统到 IC 级的工具，这些均建立在共享的可扩展数据模型和通用调试环境基础上。这也是一个基于 AMBA AXI4 互联规范、IP-XACT IP 封装元数据、工具命令语言（TCL）、Synopsys 系统约束（SDC）以及其他有助于根据客户需求量身定制设计流程并符合业界标准的开放式环境。Xilinx 公司构建的 Vivado 工具把各类可编程技术结合在一起，能够扩展多达 1 亿个等效 ASIC 门的设计。

3. Lattice：ispLEVER Classic、Lattice Diamond 和 iCEcube2

Lattice 更新了多款设计工具套件：ispLEVER Classic、Lattice Diamond 和 iCEcube2。ispLEVER Classic 是针对 Lattice 的 CPLD 和成熟的可编程产品的设计环境，可应用于 Lattice 器件的整个设计过程，从概念设计到器件 JEDEC 或位流编程文件输出。若使用其他 Lattice 公司 FPGA 系列产品进行设计，可使用 Lattice Diamond 或 iCEcube2 软件。可同时安装并运行 Lattice Diamond、iCEcube2 和 ispLEVER Classic 软件。

4. 第三方 EDA 工具：Synplify、ModelSim

(1) Synplify 是 Synplicity 公司（Cadence 的子公司）提供的专门针对 FPGA 和 CPLD 实现的逻辑综合工具，Synplicity 的工具涵盖了可编程逻辑器件（FPGA、PLD 和 CPLD）的综合、验证、调试、物理综合及原型验证等领域。

(2) Mentor 公司的 ModelSim 是业界最优秀的 HDL 语言仿真软件，能提供友好的仿真环境，是业界唯一的单内核支持 VHDL 和 Verilog 混合仿真的仿真器。ModelSim 采用直接优化的编译技术、TCL/TK 技术和单一内核仿真技术，编译仿真速度快，编译的代码与平台无关，便于保护 IP 核，个性化的图形界面和用户接口为用户加快调试提供强有力的手段，是 FPGA/ASIC 设计的首选仿真软件。

1.2.4 硬件开发系统

硬件开发系统提供可编程逻辑器件的下载电路和 EDA 实验及开发的硬件资源，以供设计的硬件验证。主要包括：①下载电路对 PLD 进行写入和擦除，并通过串行接口从计算机接收编程数据，最终写入 PLD 中；②时钟模块，提供硬件系统工作的各种运行时钟；③FPGA/CPLD 的交互模块，包括键盘和信息的显示；④信号传输模块。

硬件开发系统能够实现三个方面的应用：

(1) 逻辑行为的实现，包括表决器、交通灯控制器、数字钟、电梯控制、频率计等的设计。

(2) 控制和信号传输功能的实现，包括 PWM、PID 控制器、DDS、数字 PLL、FIFO、串口通信、VGA 显示、逻辑分析仪、数字示波器等电路的设计。

(3) 算法的实现,包括 FFT、数字滤波器、编/解码和数据压缩、调制解调器、图像处理以及基于 FPGA 的嵌入式系统的设计等。

1.3 FPGA/CPLD 结构和原理

可编程逻辑器件实现主要有两种方法：一种是基于乘积项技术,Flash(类似 EEPROM 工艺)工艺,一般把基于乘积项技术的 PLD 叫作 CPLD；另一种是基于查找表技术,SRAM 工艺,外挂配置用的 EEPROM,把基于查找表技术的 PLD 叫作 FPGA。FPGA/CPLD 的共同特点：高集成度、高速度和高可靠性。

1.3.1 CPLD

CPLD 主要由可编程逻辑宏单元(Logic Macro Cell,LMC)围绕中心的可编程互连矩阵单元组成,其中 LMC 逻辑结构较复杂,并具有复杂的 I/O 单元互连结构,可由用户根据需要生成特定的电路结构,完成一定的功能。由于 CPLD 内部采用固定长度的金属线进行各逻辑块的互连,所以设计的逻辑电路具有时间可预测性,避免了分段式互连结构时序不能完全预测的缺点。到 20 世纪 90 年代,CPLD 发展更为迅速,不仅具有电擦除特性,而且出现了边缘扫描及在线可编程等高级特性。较常用的有 Xilinx 公司的 EPLD 和 Altera 公司的 CPLD。

首先来看 CPLD 的芯片结构,搞清楚 CPLD 的组成。图 1-3 是 Altera AMAX 系列 CPLD 的芯片结构图。

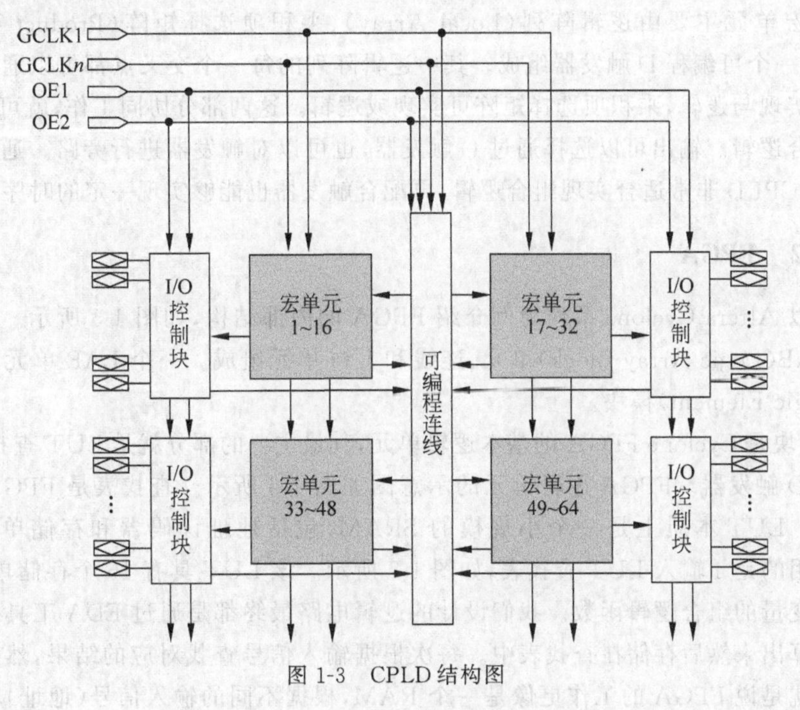

图 1-3 CPLD 结构图

从图中可以清楚地看到,CPLD主要由三部分组成：宏单元(Macro Cell)、可编程连线(PIA)和I/O控制块(I/O Control Block)。每个宏单元都与全局时钟(GCLK)、输出使能(OE)等控制信号直接相连,并且延时相同。各宏单元之间也由固定长度的金属线互连,这样保证逻辑电路的延时固定。其中宏单元模块是CPLD的逻辑功能实现单元,是器件的基本单元,我们设计的逻辑电路就是由宏单元具体实现的。可编程连线(PIA)负责信号传递,连接所有的宏单元。I/O控制块负责输入/输出的电气特性控制,比如可以设定集电极开路输出、摆率控制、三态输出等。

宏单元的具体结构如图1-4所示。

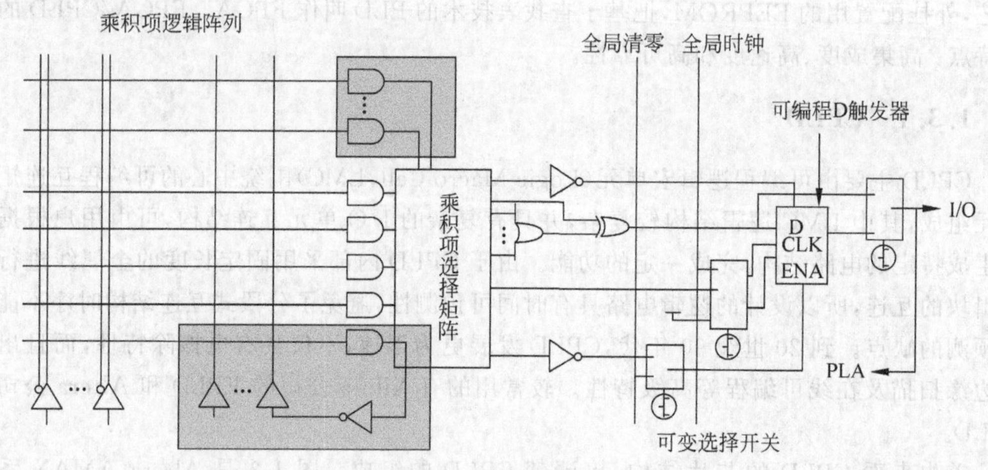

图1-4 宏单元结构

一个宏单元主要由逻辑阵列(Local Array)、乘积项选择矩阵(Product-Term Select Matrix)和一个可编程D触发器组成。其中逻辑阵列的每一个交叉点都可以通过编程实现导通从而实现与逻辑,乘积项选择矩阵可实现或逻辑。这两部分协同工作,就可以实现一个完整的组合逻辑。输出可以选择通过D触发器,也可以对触发器进行旁路。通过这个结构可以发现,CPLD非常适合实现组合逻辑,再配合触发器也能够实现一定的时序逻辑。

1.3.2 FPGA

本节以Altera Cyclone系列为例介绍FPGA的内部结构,如图1-5所示。FPGA内部主要由LAB(Logic Array Block)单元、连线和I/O单元组成。一个LAB单元又包含若干个LE(Logic Element)模块。

LE模块是Cyclone FPGA的基本逻辑单元,其最主要的部分就是LUT查找表模块,以及后面的D触发器。FPGA逻辑单元的示意图如图1-6所示。查找表是FPGA最基本的逻辑单元。LUT本质上是一个小规模的SRAM,包括地址译码器和存储单元,Cyclone FPGA使用的是4输入LUT查找表,如图1-7所示。该LUT具有16个存储单元,可以实现任意4变量的组合逻辑函数。我们设计的逻辑电路最终都是通过EDA工具把所有可能的结果计算出来然后存储在查找表中。每次根据输入信号查找对应的结果,然后输出就可以了。也就是说FPGA的工作更像是一个RAM,根据不同的输入信号(地址)输出相应的数据。

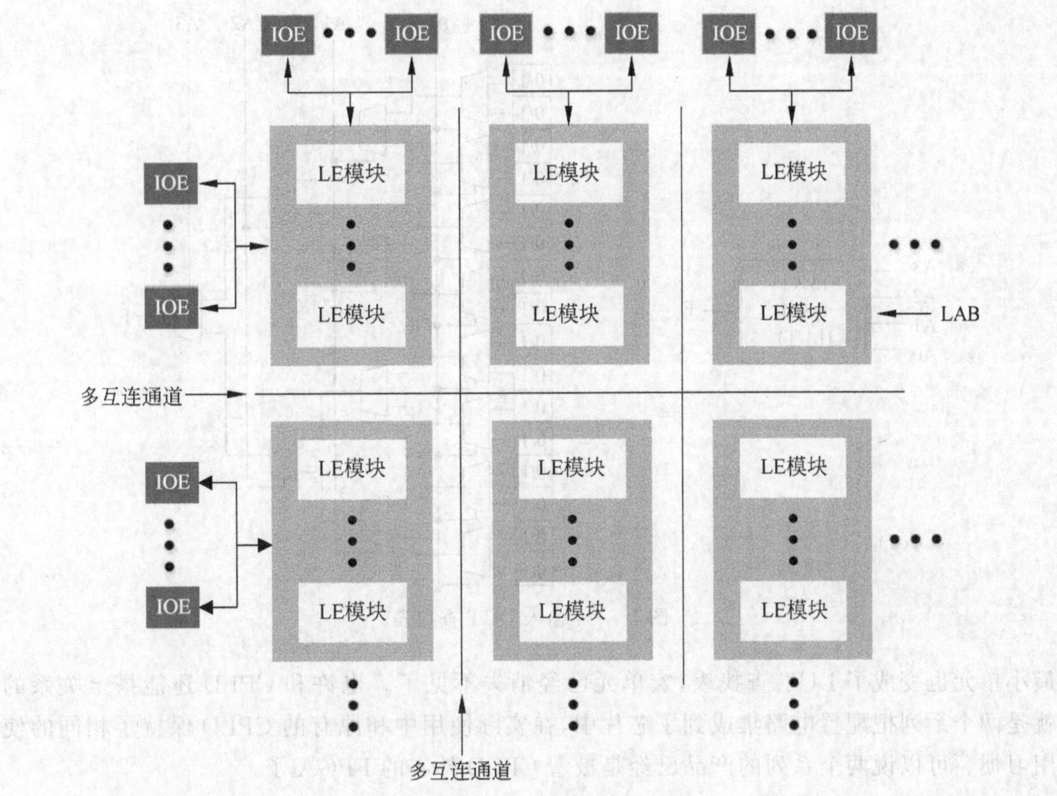

图 1-5 Cyclone 系列 FPGA 结构图

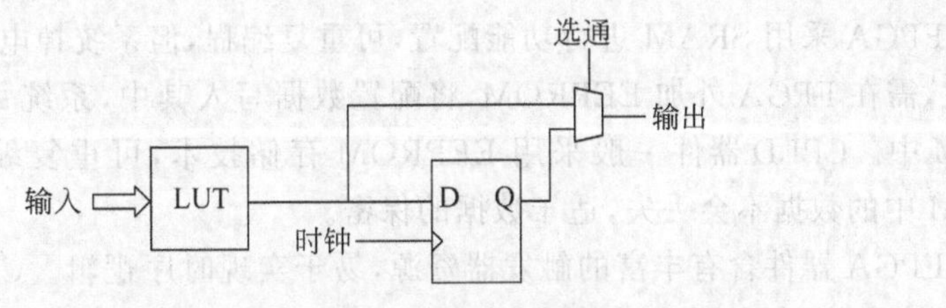

图 1-6 FPGA 逻辑单元的示意图

I/O 单元(IOE)：是内部逻辑资源和外部逻辑器件之间的接口。通过编程，可以配置成输入、输出或双向 I/O。

多互连通道(Multitrack Interconnect)：由遍及整个器件长、宽的一系列行和列构成的连续式布线通道组成。采用这种布线结构使设计的布线延时成为可预测的。

通过结构图比较可以清楚地看出，CPLD 是由组合电路组成的，而 FPGA 如同一个巨大的查找表，也正是这个根本的差异造成了 CPLD 和 FPGA 各方面的不同。除了 Altera 以外，主要的 CPLD 和 FPGA 生产厂商还有 Xilinx、Actel、Lattice 以及 Atmel 等。各家公司的产品各有特点，在架构上会略有区别，但基本原理都是相同的。

随着技术的发展，CPLD 和 FPGA 的结构也在不断的更新中。新出的 MAX Ⅱ系列和 MAX V 系列 CPLD 则从根本上模糊了 CPLD 和 FPGA 的区别。通过阅读芯片手册可以发现，两个系列的 CPLD 虽然名字没有变，但是架构已经完全是与 FPGA 相同的系统架构了，

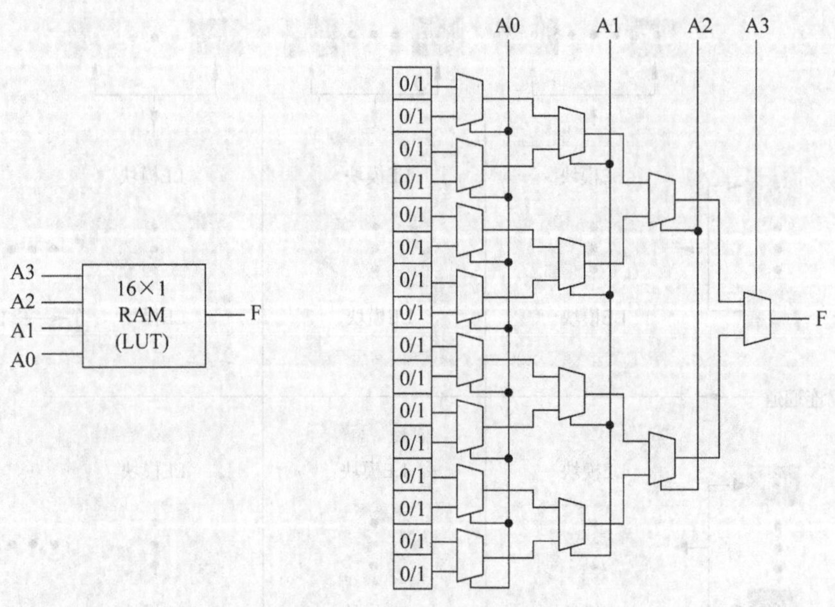

图 1-7 4 输入 LUT 查找表

最小单元也变成了 LUT 查找表,宏单元已经消失不见了。也许和 CPLD 还能搭上关系的就是两个系列把配置电路集成到了芯片中,在实际使用中和原有的 CPLD 保持了相同的使用习惯。可以说两个系列的产品已经是披着 CPLD 外衣的 FPGA 了。

1.3.3 FPGA 与 CPLD 的区别

(1) FPGA 采用 SRAM 进行功能配置,可重复编程,但系统掉电后,SRAM 中的数据丢失。因此,需在 FPGA 外加 EEPROM,将配置数据写入其中,系统每次上电自动将数据引入 SRAM 中。CPLD 器件一般采用 EEPROM 存储技术,可重复编程,并且系统掉电后,EEPROM 中的数据不会丢失,适于数据的保密。

(2) FPGA 器件含有丰富的触发器资源,易于实现时序逻辑。CPLD 的与或阵列结构,使其适于实现大规模的组合功能,但触发器资源相对较少。

(3) FPGA 为细粒度结构,CPLD 为粗粒度结构。FPGA 内部有丰富连线资源,CLB 分块较小,芯片的利用率较高。CPLD 宏单元的与或阵列较大,通常不能完全被应用,且宏单元之间主要通过高速数据通道连接,其容量有限,限制了器件的灵活布线,因此 CPLD 利用率较 FPGA 器件低。

(4) FPGA 为非连续式布线,CPLD 为连续式布线。FPGA 器件在每次编程时实现的逻辑功能一样,但路线不同,因此延时不易控制,要求开发软件允许工程师对关键的路线给予限制。CPLD 每次布线路径一样,CPLD 的连续式互连结构利用具有同样长度的一些金属线实现逻辑单元之间的互连。连续式互连结构消除了分段式互连结构在定时上的差异,并在逻辑单元之间提供快速且具有固定延时的通路。CPLD 的延时较小。

CPLD 通常用于普通规模,且产量不是很大的产品项目。FPGA 通常用于大规模的逻辑设计、ASIC 设计或单片系统设计,具有掉电易失性,实际使用时需配置一个专用 ROM。

1.4 可编程逻辑器件设计流程

EDA 技术极大地降低了硬件电路设计难度,提高了设计效率,是电子系统设计方法的质的飞跃。基于 CPLD/FPGA 器件设计流程如图 1-8 所示,主要包括设计输入、综合、适配、设计仿真、器件编程、器件测试等几个步骤。

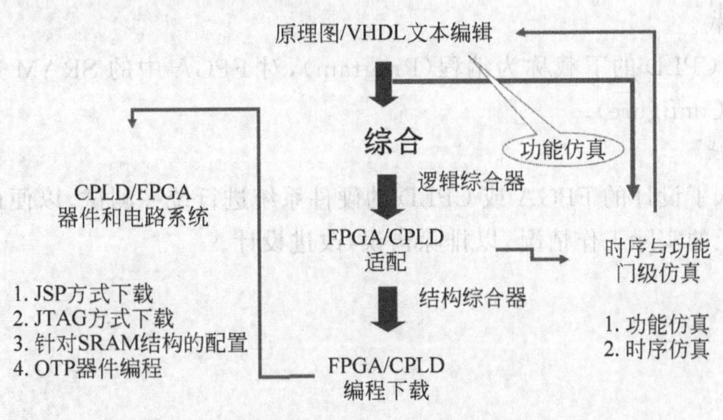

图 1-8 CPLD/FPGA 器件设计流程

1. 设计输入(原理图/HDL 文本编辑)

1) 图形输入

图形输入通常包括电路原理图输入、状态图输入和波形图输入等方法。原理图输入方法是一种常用的图形输入方法,类似于传统电子设计方法的原理图编辑输入方式,即在 EDA 软件的图形编辑界面上绘制能完成特定功能的电路原理图。原理图由逻辑器件(符号)和连接线构成,图中的逻辑器件可以是 EDA 软件库中预制的功能模块,如与门、非门、或门、触发器以及各种含 74 系列器件功能的宏功能块,甚至还有一些类似于 IP 的宏功能块。

2) HDL 文本输入

这种方式与传统的计算机软件语言编辑输入基本一致,就是将使用了某种硬件描述语言的电路设计文本(如 VHDL 或 Verilog 的源程序)进行编辑输入。可以说,应用 HDL 的文本输入方法克服了上述原理图输入法存在的所有弊端,为 EDA 技术的应用和发展开辟了广阔的天地。

2. 综合和适配

逻辑综合通过后必须利用适配器将综合后的网表文件针对某一具体的目标器件进行逻辑映射操作,其中包括底层器件配置、逻辑分割、逻辑优化、逻辑布局布线操作。

适配器也称结构综合器,它的功能是将由综合器产生的网表文件配置于指定的目标器件中,使之产生最终的下载文件,如 JEDEC、Jam 格式的文件。适配所选定的目标器件(FPGA/CPLD 芯片)必须属于原综合器指定的目标器件系列。适配完成后可以利用适配所产生的仿真文件作精确的时序仿真,同时产生可用于编程的文件。

3．时序仿真与功能仿真

1）时序仿真

即接近真实器件运行特性的仿真，仿真文件中已包含了器件硬件特性参数，因而仿真精度高。

2）功能仿真

直接对VHDL、原理图描述或其他描述形式的逻辑功能进行测试模拟，以了解其实现的功能是否满足原设计要求的过程，仿真过程不涉及任何具体器件的硬件特性。

4．编程下载

通常，将对CPLD的下载称为编程(Program)，对FPGA中的SRAM进行直接下载的方式称为配置(Configure)。

5．硬件测试

最后将载入了设计的FPGA或CPLD的硬件系统进行统一测试，以便最终验证设计项目在目标系统上的实际工作情况，以排除错误，改进设计。

第2章

VHDL设计初步

VHDL 主要用于描述数字系统的接口、结构和行为功能。本章遵循 VHDL 的结构顺序，依次介绍 VHDL 的程序结构、文字规则和语法要素，为学习 VHDL 奠定语法基础。

2.1 VHDL 设计的语法结构

2.1.1 VHDL 程序结构

对于一个如图 2-1 所示的模块电路，用 VHDL 程序进行描述主要包括三个方面的内容：①库、程序包的使用说明；②硬件电路的接口信号；③硬件电路内部的逻辑功能。

一个完整的 VHDL 程序结构如图 2-2 所示。

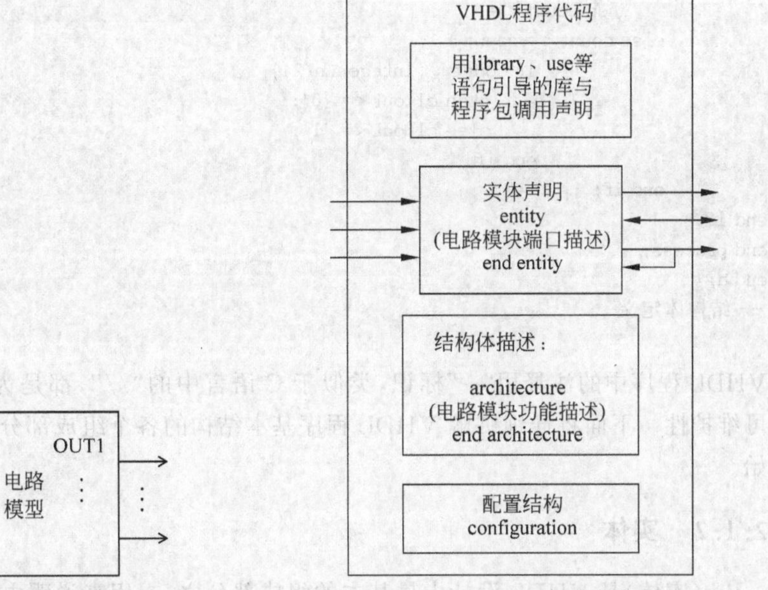

图 2-1　VHDL 程序描述的电路

图 2-2　VHDL 程序结构图

并非所有的 VHDL 程序都具有图 2-2 所示的语法结构。事实上，只有 entity(实体)和 architecture(结构体)程序是必备的，而常常需要在 entity 之前调用库和库中相应的程序包。因此，VHDL 程序的基本结构包括：

(1) use library(库)：用来说明电路模型需要使用的标准库；

(2) entity(实体)：用来说明电路模型的输入/输出端口；

(3) architecture(结构体)：用一些语句描述电路模型的功能。

下面以一个具体的设计实例说明 VHDL 程序的设计。

例 2-1：10 分频电路。

```
library IEEE;
use IEEE.std_logic_1164.all;
use IEEE.std_logic_arith.all;
use IEEE.std_logic_unsigned.all;
--库、程序包的调用
entity fredevider10 is
generic (n:integer:=10);
port (
        clkin: in std_logic;
        clkout: out std_logic
    );
end fredevider10;
--实体声明
architecture a of fredevider10 is
signal count:integer range 0 to 10;
begin
process(clkin)
begin
if clkin'event and clkin='1'
    then if (count=n-1)
            then count<=0;
        else count<=count+1;
                if count<(integer(n/2))
                    then clkout<='0';
                    else clkout<='1';
                end if;
        end if;
end if;
end process;
end a;
--结构体定义
```

VHDL 程序中的注释用"--"标识，类似于 C 语言中的"//"，都是为了增加程序的可读性和可维护性。下面将详细讲解 VHDL 程序基本结构的各个组成部分，我们从最重要的概念开始。

2.1.2 实体

entity(实体)是 VHDL 设计中最基本的组成部分之一，用来说明电路模型的输入/输出端口，类似一个"黑盒"，实体描述了"黑盒"的输入/输出端口构成和信号属性，并不描述电路的功能。

实体声明的格式如下：

```
entity 实体名 is
[generic(常数名: 数据类型: 设定值)]              -- 可选项,类属参数说明
port
( 端口名 1: 端口方向        端口类型;             -- 端口声明语句用分号隔开
  端口名 2: 端口方向        端口类型;             -- 端口声明语句用分号隔开
  端口名 n: 端口方向        端口类型              -- 最后一个端口声明语句不加分号
);
end[实体名];                                    -- 可以只用 end 结束实体声明,不一定加实体名
```

例 2-1 的实体声明对应的电路外观图如图 2-3 所示，包含三条语句。从外观图可以看出，这个实体有一个输入端口(clkin)和一个输出端口(clkout)。

```
entity fredevider10 is
generic (n:integer: = 10);
port (
        clkin: in std_logic;
        clkout: out std_logic
    );
end fredevider10;
```

fredevider

输入 clkin clkout 输出

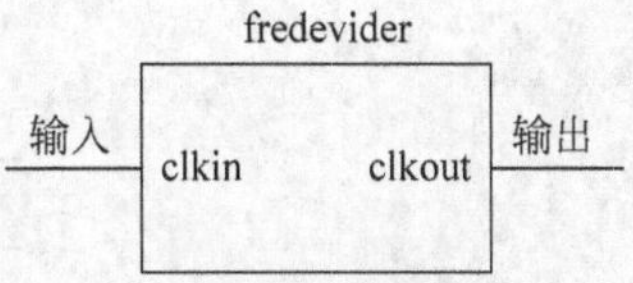

图 2-3 例 2-1 的实体对应的电路外观图

1. entity fredevider10 is

entity、is 是关键字。fredevider10 为实体名，由设计者自定，必须与文件名相同，表示电路模型的名字。

2. 类属参量

类属参量(generic)是实体声明中的可选项，一种端口界面常数，用来规定端口的大小、实体中子元件的数目等。使用类属参量在某些情况下可以简化设计，例如一个设计中有两个不同分频系数的分频器，如果使用 generic 语句定义分频系数，不必编写两段分频器的代码，只是在调用分频器时，更改类属参量值实现不同的分频器。

类属参量的地位与常数类似，但与常数不同，常数只能从内部赋值，而类属参量可以由实体外部赋值，数据类型通常取 integer。

3. port()

port()端口说明语句用来描述电路模型端口方向及类型。port 信息一般有 name(端口名)、mode(端口方向)和 type(端口数据类型)。

1) name(端口名)

端口名是设计者赋予外部引脚的名称，在例 2-1 中，输入引脚为 clkin，输出引脚为 clkout。

2) mode(端口方向)

端口方向的标识符及含义如下：

in，数据只能从端口流入实体。

out，数据只能从端口流出实体。

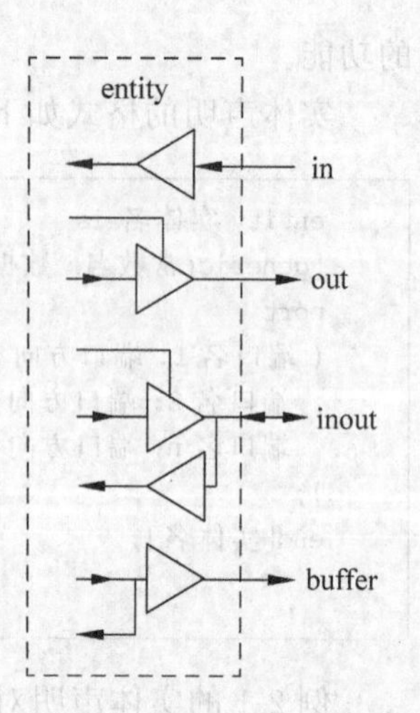

inout,数据从端口流入或流出实体。

buffer,数据从端口流出实体,同时可被内部反馈。

3) type(端口数据类型)

定义端口的数据类型,VHDL 规定:任何数据对象必须严格限定其取值范围,即对其传输的信号或存储的数据的类型做明确界定。常用的数据类型有 bit:位类型;boolean:布尔类型;integer:整型;std_logic:标准逻辑位;std_logic_vector:标准逻辑矢量等。

注意:

- 在端口定义部分,可以将几个相同方向、相同类型的端口放在同一个说明语句里;
- 最后一个端口声明语句不加分号。

4. 实体结束语句:end fredevider10;

练习:编写包含以下内容的实体代码:

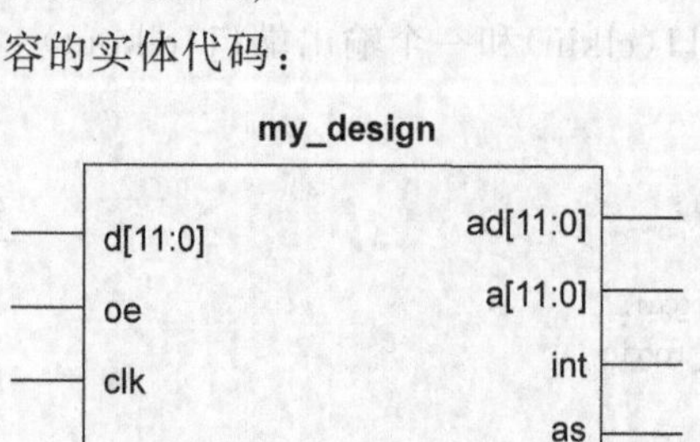

(1) 端口 d 为 12 位输入总线;

(2) 端口 oe 和 clk 都是 1 位输入;

(3) 端口 ad 为 12 位双向总线;

(4) 端口 a 为 12 位输出总线;

(5) 端口 int 是 1 位输出;

(6) 端口 as 是 1 位输出,同时被用作内部反馈。

代码如下:

```
library IEEE;
use IEEE.std_logic_1164.all;
entity my_design is
port (
    d: in std_logic_vector(11 downto 0);
    oe,clk: in std_logic;
    ad: inout std_logic_vector(11 downto 0);
    a: out std_logic_vector(11 downto 0);
    int: out std_logic;
    as: buffer std_logic);
end my_design;
```

2.1.3 结构体

结构体(architecture)用来描述实体的内部结构和逻辑功能,每一个结构体必须有一个实体(entity)与它相对应,所以两者一般成对出现,一个实体可以有多个结构体,同一时刻,只有一个结构体起作用,可以通过配置来决定对哪一个结构体进行仿真和综合。结构体的运行是并发的,结构体描述方式包括行为描述、结构描述、数据流描述。

结构体语句格式如下:

```
architecture 结构体名 of 实体名 is
    [声明语句]
     begin
     功能描述语句
     end [结构体名];
```

(1) 实体名必须与实体声明部分取的名字相同,而结构体的名字由设计者自主选择,当一个实体包含多个结构体时,各个结构体的名称不可相同。

(2) 声明语句用于对结构体的功能描述语句中将要用到的信号、数据类型、常数、元件、函数和过程等加以说明。

(3) 功能描述语句具体描述了结构体的功能和行为。功能描述语句主要包含5种不同类型的语句结构,并以并行的方式工作。这5种语句结构如图2-4所示,这5种结构语句不是都常用到,只需循序渐进地学习,就会轻松地掌握它们。但进程语句(process)在VHDL程序设计中不可或缺,后续将详细讲解。本书重点介绍信号赋值语句、进程语句(process)、元件例化语句。

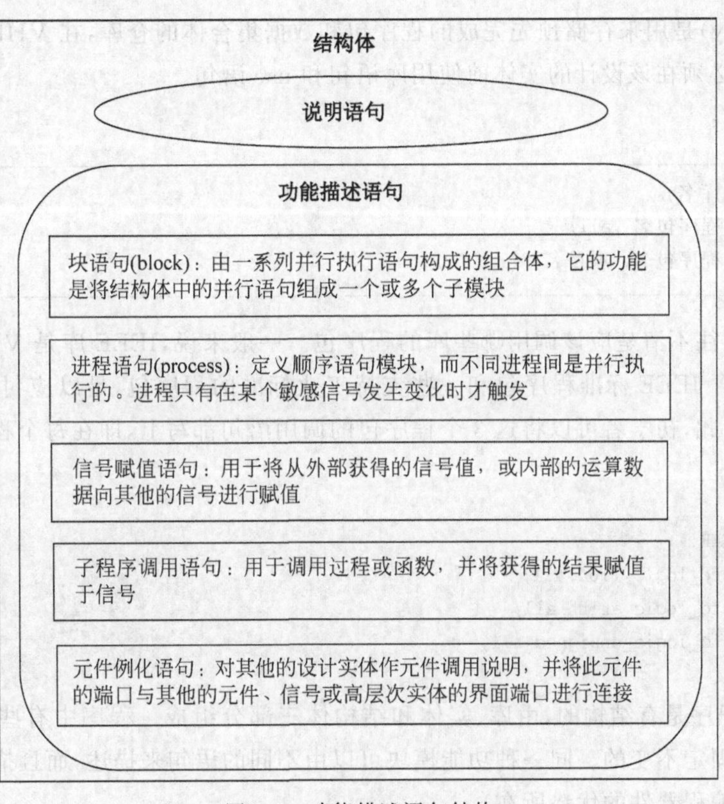

图2-4 功能描述语句结构

例程 2-1 结构体及各个部分说明如下：

```
architecture a of fredevider10 is
signal count:integer range  0 to 10;     -- 信号的声明
begin
process(clkin)                           -- 进程语句
begin
if clkin'event and clkin = '1'
    then if (count = n - 1)
            then count < = 0;
         else count < = count + 1;
                  if count < (integer(n/2))
                      then clkout < = '0';
                      else clkout < = '1';
                  end if;
         end if;
end if;
end process;
end a;
```

2.1.4 库

库(library)是用来存储预先完成的程序包和数据集合体的仓库，在 VHDL 设计中若使用库中内容，必须在该设计的实体前使用库语句和 use 语句。

语句格式：

```
library  库名;
use 库名.程序包名.all;
use 库名.程序包名.项目名;
```

初学者往往不清楚应该调用哪些库的程序包。一般来说，IEEE 库是 VHDL 设计中最常见的库，包含 IEEE 标准程序包和一些支持工业标准的程序包，足以应付大部分 VHDL 程序设计。因此，初学者可以将这 3 个程序包的调用语句都写上，即在每个程序开始写上如下代码：

```
library IEEE;
use IEEE.std_logic_1164.all;
use IEEE.std_logic_arith.all;
use IEEE.std_logic_unsigned.all;
```

VHDL 程序是有结构的，由库、实体和结构体三部分组成。程序中有些字词可以自行修改，有些是固定不变的。同一种功能模块可以由不同的语句来描述，而且描述的模块功能可大可小(可编程器件的优势所在)。

2.2 VHDL 文字规则

要形成规范的程序书写格式,否则会出现许多语法错误。本书 VHDL 程序遵循下列约定:

(1) 程序的文字不区分大小写。

(2) 程序中的注释使用双横线“——”。

(3) 程序语句描述中“[ ]”内的内容为可选内容。

(4) 程序书写时,使用层次缩进格式,同一层次的语句对齐。

(5) VHDL 源程序文件名与其实体名一致。

VHDL 文字主要包括数值、标识符和关键字。数值型文字主要有数字型、字符串型。

2.2.1 数字型文字

1. 整数

例如:

```
5,678,  0,  156E2(=15600),  45_234_287 (=45234287)
```

2. 实数

例如:

```
1.335,88_670_551.453_909(=88670551.453909),1.0,44.99E-2(=0.4499)
```

示例:

```
signal d1,d2,d3,d4,d5,: integer range 0 to 255; -- 全部定义为整数类型
d1 <= 10#170#;                 -- 向 d1 赋值 10#170#(十进制表示,等于 170)
d2 <= 16#FE#;                  -- (十六进制表示,等于 254)
d3 <= 2#1111_1110#;            -- (二进制表示,等于 254)—也是整数类型
d4 <= 8#376#;                  -- (八进制表示,等于 254)
d5 <= 16#A#E3;                 -- (十六进制表示,等于 16#A000#)
```

3. 物理量文字

例如:

```
60s (60 秒),  100m (100 米),  kΩ(千欧姆),  177A (177 安培)
```

2.2.2 字符串型文字

字符是用单引号括起来的,可以是符号和字母,例如‘A’、‘*’、‘R’等。而字符串是一维的字符数组,需用双引号括起来。VHDL 有两种类型的字符串:文字字符串和数位字符串。

1. 文字字符串

文字字符串是使用双引号括起来的一串文字,例如:

```
"ERROR"、"WELCOME"、"B$C"
```

2. 数位字符串

数位字符串也称位矢量，是预定义数据类型 bit 的一维数组，代表二进制、八进制、十六进制的数组。例如：

```
data1 <= B"1_1110_1110";         -- 二进制数组,位矢量数组长度 9 位
data2 <= O"14";                  -- 八进制数组,位矢量数组长度 6 位
data3 <= X"AD2";                 -- 十六进制数组,位矢量数组长度 12 位
data4 <= B"1011_1110_1110";      -- 二进制数组,位矢量数组长度 12 位
data5 <= "1011_1110_1110";       -- 描述错误,缺少 B
data6 <= "101111101110";         -- 描述正确,这里可以省略 B,但不可加下画线
data7 <= "AD2";                  -- 描述错误,缺少 X
```

2.2.3 标识符及其表述规则

标识符用来定义常数、变量、信号、端口、子程序或参数的名字。

注意：

- 有效的字符包括 26 个大小写英文字母、数字 0～9 以及下画线"_"。
- 任何的标识符必须以英文字母开头。
- 必须是单一下画线"_"，且其前后必须有英文字母或数字。
- 标识符的英文字母不区分大小写。

举例说明错误的标识符：

```
_coder_1                         -- 起始为非英文字母
74LS160                          -- 起始为数字
RST_                             -- 标识符最后不能是下画线"_"
Date__bus                        -- 标识符中不能有双下画线
Signal_#1                        -- 符号"#"不能构成标识符
Not_Ack                          -- 符号"_"不能构成标识符
return                           -- 这是关键词
```

2.2.4 关键字

关键字是预先定义的确认符，主要有 and、or、nand、nor、xor、xnor、not；entity、architecture、begin、end；case、if、else、process、block、port、for、type、signal、variable、buffer 等。程序中注意标识符不能命名为关键字，如果将信号、变量命名为关键字，编译会报错。

2.3 VHDL 结构与要素

2.3.1 数据类型

VHDL 是一种强类型语言，与 C 语言不同。也就是说，VHDL 对每个常数、变量、信号等的数据类型都有严格的要求，只有相同数据类型的量才能互相传递。强类型语言的优点是程序更可靠也更容易调试，很难犯一些低级错误，例如错误的数据类型赋值，会提示语法错误。但另一方面，强类型语言比较死板，有时即使是一些简单的操作，也必须调用类型转

换函数才能完成。

1. VHDL 预定义数据类型

预定义数据类型在 VHDL 标准程序包 standard 中定义，在实际应用中自动包括到 VHDL 源文件中，不必使用 use 语句调用。

(1) bit：位类型，其值只能为“0”或“1”，对应实际电路中的高电平和低电平。

例如：

```
signal a: bit;
```

相应的赋值时使用单引号'。

```
a <= '1';
```

(2) bit_vector：位矢量类型，包含一组位类型。使用时，必须注明数组中元素个数和排列方向。

例如：

```
signal a: bit_vector (7 downto 0);
```

信号 a 被定义成具有 8 个元素的数组，并且它的最高位是 a(7)，最低位是 a(0)。

如果要定义成最高位是 a(0)，而最低位是 a(7)，则语句应改写为

```
signal a: bit_vector (0 to 7);
```

相应的赋值时使用双引号。

```
a <= "1010101";
```

(3) boolean：布尔类型，实际上是一个二值枚举型数据类型，其值可为“TRUE”或“FALSE”。

(4) integer：整型，范围为$-(2^{31}-1)\sim(2^{31}-1)$，综合时，必须用 range …to…对范围加以限制。综合器根据限定的范围来确定信号的二进制位数，常用于加减乘除运算、循环语句的循环次数、信号、常量、数学函数或模式仿真。

例如：

```
signal a: integer range 0 to 15;
```

natural：自然数类型，整型的子类型，含零和正整数。

positive：正整数类型，整型的子类型，含非零和非负整数。

(5) real：实数类型，范围为：$-1.0\times10^{38}\sim1.0\times10^{38}$，很多综合器不支持该类型。

2. IEEE 预定义数据类型

IEEE 库中的程序包 IEEE. std_logic_1164. all 中定义了两个非常重要的数据类型：std_logic(标准逻辑)和 std_logic_vector(标准逻辑矢量)。它们是数字电路设计的工业标准逻辑类型。

1) std_logic：标准逻辑

std_logic 数据类型定义了 9 种信号状态，如表 2-1 所示。信号定义比 bit 位类型对数字电路的逻辑特性更加完整真实。

表 2-1 std_logic 中的信号值及定义

信 号 值	含 义	信 号 值	含 义
'U'	未初始化	'X'	强未知
'0'	强 0	'L'	弱 0
'1'	强 1	'H'	弱 1
'Z'	高阻	'_'	忽略
'W'	弱未知		

2）std_logic_vector：标准逻辑矢量

std_logic_vector 是基于 std_logic 类型的数组。若电路中有三态逻辑(Z)，必须用 std_logic 和 std_logic_vector。要使用这种类型代码中必须声明库和程序包说明语句：

```
library IEEE;
use IEEE.std_logic_1164.all;
```

3. 自定义数据类型

自定义数据类型主要有枚举类型和数组类型。

(1) 枚举类型：用户定义的数据类型，在状态机设计中，为提高程序的可读性，将每个二进制状态编码用字符表示。

定义语法：(在结构体的说明语句位置)

```
type 标识符  is (状态 1,状态 2,状态 3, … )
```

例 2-2：采用状态机设计交通灯。

```
architecture state_machine of traffic_controll is
   type traffic_light is (red,yellow,green);
   signal present_state : traffic_light;
begin
   case present_state is
    when red = > … .
    when yellow = > … .
    when green = > … .
          …
end state_machine;
```

(2) 数组类型：用户定义的数据类型，常用来组合同样数据类型的元素，例如 ROM、RAM 等。包括限定性和非限定性数组。

定义语法 1：(限定性数组)

```
type  标识符  is array(数组范围) of  数据类型
```

例 2-3：定义限定性数组。

```
architecture a of test is
   type byte is array (7 downto 0) of bit;
   signal date : byte;
   signal r : bit;
begin
   …
      r <= date(4)
   …
end a;
```

定义语法 2:(非限定性数组)

```
type 标识符 is array (下标类型 range <>) of 数据类型;
```

例 2-4:定义非限定性数组。

```
architecture a of test is
   type byte is array (natural range <>) of bit;
begin
   process (s1,s2,s3)
      variable date : byte ( 0 to 6);
      …
   begin
      …
   end process;
end a;
```

2.3.2 VHDL 数据对象

在 VHDL 中,数据对象有三类:常数(constant)、信号(signal)和变量(variable)。

VHDL 中的常数和变量与其他语言中的常数和变量相似,信号则具有硬件的特征,是硬件描述语言中特有的数据对象。

1. 常数

常数是指在设计中不会变的值,它的作用是改善代码可读性,便于代码修改。使用时必须在程序包、实体、构造体或进程的说明区域加以说明,常数具有区域性。一般要赋一个初始值。

例如:

```
constant width: Integer : = 8;
```

定义常数的语法格式:

```
constant 常数名: 数据类型: = 设置值;
```

例如：定义一个4位常数零和一个8位常数零。

```
constant zero_4: std_logic_vector(3 downto 0): = "0000";
constant zero_8: std_logic_vector(7 downto 0): = "00000000";
```

2. 信号

信号用来描述电路内部节点或端口，有传输延迟。它类似于连接线。信号可以作为实体中并行语句模块间的信息交流。

1）信号的定义

在语法上，信号的声明和端口类似，其语法格式为：

```
signal 信号名: 数据类型[: = 初始值];
```

从图2-5可以看出信号与端口之间的差异和相似之处，信号与端口都描述了电路中实际存在的节点，但信号描述的是内部节点，而端口描述的是实体与外界的接口。对比信号声明和端口声明的格式，端口声明中要规定方向；虽然信号声明比端口声明多了初始值的赋值，但是这一赋值仅在仿真时有意义，综合器会忽略这一赋值。因此，在实际应用中基本不使用初始值赋值。

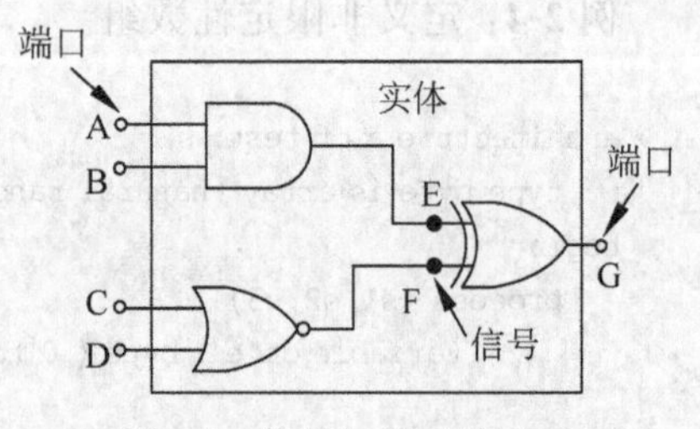

图2-5 信号与端口的区别

2）信号赋值

信号需在package、entity、architecture中声明。信号赋值的语法格式为：

```
信号名<= 表达式;
```

例2-5：图2-5对应的VHDL程序如下：

```
library IEEE;
use IEEE.std_logic_1164.all;
entity simp is
port(a,b,c,d : in std_logic;
          g : out std_logic);
end simp;
architecture logic of simp is
signal e,f : std_logic;              -- 在构造体内声明的内部连接信号
begin
  e <=  a and b;
  f <=  not(c or d);
  g <=  e xor f;
end logic;
```

3. 变量

变量仅用于进程和子程序，主要用于描述算法和程序中的数值运算。和信号不同，变量

不能表达连线和存储元件，必须在进程和子程序的说明性区域说明。

1）变量的定义

定义变量的语法格式如下：

```
variable 变量名：数据类型[：=初始值];
```

定义变量的语法格式与定义信号非常相似，只是关键字不同，将关键字 signal 变为 variable。与信号一样，变量初始值赋值只在仿真中有效，实际应用中很少使用变量初始值赋值。虽然变量和信号的语法格式十分相似，但是信号和变量的作用范围不同，在程序中的位置也不同，举例如下：

```
architecture of  is
signal 信号名 1：数据类型； -- signal 描述：在进程的外面声明作用范围为全局
 ┆
begin
process1(…)
variable 变量名 1：数据类型； -- variable 描述：在进程内部说明作用范围为进程内
 ┆
begin
 ┆
end process1;
end;
```

2）变量赋值

变量赋值的语法格式为：

```
目标变量名：=表达式;
```

(1) 整体赋值：

```
temp := "10101010";
temp := x"AA";
```

(2) 逐位赋值：

```
temp(7) := '1';
```

(3) 多位赋值：

```
temp (7 downto 4) := "1010";
```

表达式可以是一个数值，也可以是一个与目标变量相同数据类型的变量，或者是一个运算表达式，例如：

```
process(…)
variable a,b,c: integer rang 0 to 31;
begin
```

```
 ⋮
a: = 6;                        -- 表达式为数值
b: = a;                        -- 表达式为与目标变量相同数据类型的变量
c: = a + b;                    -- 表达式为运算表达式
end process;
```

4. 信号和变量的区别

信号和变量的区别如表 2-2 所示，最重要的区别是信号与电路的某个节点或信号线相对应，因为硬件具有传输延迟性，所以信号的赋值存在延迟特性；而变量是一个抽象的值，它不与任何电路连线相对应，因此它的赋值是立即生效的。

表 2-2 信号和变量的区别

特　征	信　号	变　量
赋值符号	<=	:=
功能	电路的内部连接	内部数据交换
作用范围	全局，进程和进程之间的通信	局部，进程的内部
行为	延迟一定时间后才赋值	立即赋值

进程中，信号的赋值并不是立即发生，它发生在进程结束时；而变量是立即赋值。举例如下：

例 2-6：设计一个 D 触发器。

```
程序 1:
library IEEE;
use IEEE.std_logic_1164.all;
entity dff3 is
port(clk,d1:in std_logic;
              q1:out std_logic);
end;
architecture bhv of dff3 is
   begin
      process(clk)
         variable a,b:std_logic;
         begin
         if clk'event and clk = '1' then
               a: = d1;
               b: = a;
               q1 < = b;
         end if;
      end process;
end bhv;
```

程序 1 的仿真结果如图 2-6 所示，变量的赋值立刻发生。

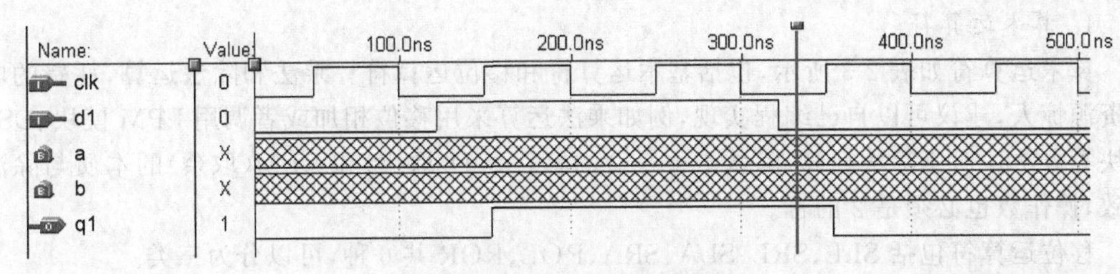

图 2-6　程序 1 的仿真结果

```
程序 2:
library IEEE;
use IEEE.std_logic_1164.all;
entity dff3 is
port(clk,d1:in std_logic;
                q1:out std_logic);
end;
architecture bhv of dff31 is
    signal a,b:std_logic;
    begin
        process(clk)
          begin
            if clk'event and clk = '1' then
                a <= d1;
                b <= a;
                q1 <= b;
            end if;
        end process;
end bhv;
```

程序 2 的仿真结果如图 2-7 所示，信号的赋值在 end process 后发生，a 得到的是 d1，b 得到的是 a 的过去值，q1 得到 b 的过去值。

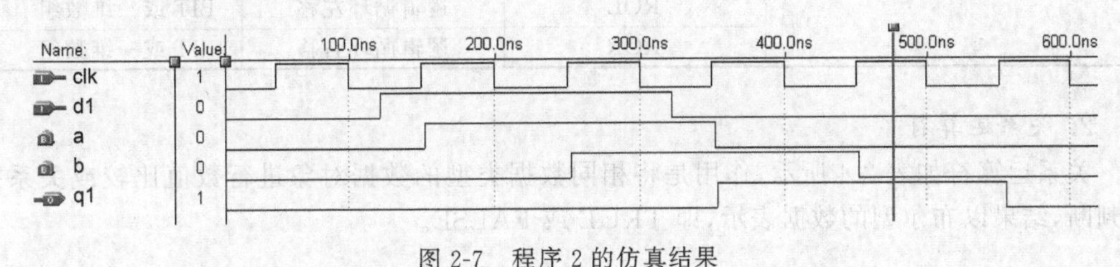

图 2-7　程序 2 的仿真结果

2.3.3　VHDL 运算符

VHDL 主要有 4 种运算符：算术运算符、关系运算符、逻辑运算符和并置运算符。使用运算符需要注意：

(1) 基本运算符之间的操作数必须是相同数据类型。

(2) 操作数的数据类型必须与运算符所要求的数据类型一致。

1. 算术运算符

算术运算符如表 2-3 所示，包括基本运算符和移位运算符。乘法和除法运算，耗费的电路资源惊人，建议可以自己编程实现，例如乘法运算采用移位相加或者调用 LPM 模块、DSP 模块等方法。对于除法运算，除数必须是 2 的幂，MOD(取模)和 REM(取余)的本质与除法一致，操作数也必须是 2 的幂。

移位运算符包括 SLL、SRL、SLA、SRA、ROL、ROR 共 6 种，可以分为三类。

(1) 逻辑移位运算符。包括逻辑左移(SLL)和逻辑右移(SRL)，是将移空的位补零。例如，1110 执行 SLL 的结果是 1100，执行 SRL 的结果是 0111。

(2) 算术移位运算符。包括算术左移(SLA)和算术右移(SRA)，特点是将移空的位用最初的首位来填补。例如，1110 执行 SLA 的结果是 1101，执行 SRA 的结果是 1111。

(3) 循环移位运算符。包括逻辑循环左移(ROL)和逻辑循环右移(ROR)，特点是将移出的位来填补移空的位，执行的是自循环移位。例如，1110 执行 ROL 的结果是 1101，执行 ROR 的结果是 0111。

表 2-3 算术运算符及说明

算术运算符	运算符	功　能	操作数数据类型
基本运算符	＋	加	整数
	－	减	整数
	*	乘	整数和实数
	/	除	整数和实数
	**	乘方	整数
	MOD	取模	整数
	REM	取余	整数
移位运算符	SLL	逻辑左移	BIT 或一维数组
	SRL	逻辑右移	BIT 或一维数组
	SLA	算术左移	BIT 或一维数组
	SRA	算术右移	BIT 或一维数组
	ROL	逻辑循环左移	BIT 或一维数组
	ROR	逻辑循环右移	BIT 或一维数组

2. 关系运算符

关系运算符如表 2-4 所示，作用是将相同数据类型的数据对象进行数值比较或关系排序判断，结果以布尔型的数据表示，即 TRUE 或 FALSE。

表 2-4 关系运算符及说明

运算符	功　能	操作数数据类型
＝	等于	任何数据类型
/＝	不等于	任何数据类型
＜	小于	整数与枚举类型及对应的一维数组
＞	大于	整数与枚举类型及对应的一维数组
＜＝	小于或等于	整数与枚举类型及对应的一维数组
＞＝	大于或等于	整数与枚举类型及对应的一维数组

需要注意的是："小于或等于"关系运算符"＜＝"的形式与信号赋值操作符一样，判别二者的关键在于其使用的地方：在条件语句(如 IF…THEN…ELSE、WHEN…ELSE)中的条件表达式(判断语句)中出现的"＜＝"是关系运算符，其他的情况则是信号赋值操作符。

3. 逻辑运算符

VHDL 共有 7 种逻辑运算符(表 2-5)，都是按位运算，在表达式中有两个以上运算符时，需要用括号进行分组。例如：

```
cy <= (a and b) or (a and c) or (b and c);
```

表 2-5　逻辑运算符及说明

运算符	功　能	操作数数据类型
and	与	bit, boolean, std_logic
or	或	bit, boolean, std_logic
nand	与非	bit, boolean, std_logic
nor	或非	bit, boolean, std_logic
xor	异或	bit, boolean, std_logic
xnor	异或非	bit, boolean, std_logic
not	非	bit, boolean, std_logic

4. 并置运算符及符号运算符

如表 2-6 所示，并置运算符"&"用于将多个元素或矢量连接成新的矢量，要注意操作前后的数组长度应一致。符号运算符"＋"和"－"操作数只有一个，且数据类型为整数；运算符"＋"对操作数不做任何改变，运算符"－"是对操作数取负。

表 2-6　并置运算符及其他运算符

运算符	功　能	操作数数据类型
＋	正	整数
－	负	整数
&	并置	一维数组

5. 运算符优先级(同一行运算符相同优先级)

VHDL 运算符优先级如表 2-7 所示，为了使逻辑表达式的层次清楚，提高程序的可读性，优先级高的运算符可以用括号将该运算符及对应的操作数据起来。

表 2-7　VHDL 运算符优先级

运　算　符	优　先　级
** abs not 高	高
* / mod rem	↑
＋(正) －(负)	
＋ － &	
sll sla srl sra rol ror	
＝ <= < > >=	
and or nand nor xor xnor	低

第3章

Quartus Ⅱ 软件开发指南

基于 EDA 技术进行电子系统设计，需要运用 EDA 工具。本章介绍 EDA 软件工具 Quartus Ⅱ的设计流程，然后基于 Quartus Ⅱ13.0 实现一个设计实例。

3.1 Quartus Ⅱ设计流程

Quartus Ⅱ是 Altera 公司在 21 世纪推出的 FPGA/CPLD 开发环境，是 Altera 前一代 FPGA/CPLD 集成开发环境 MAX+PlusⅡ的更新换代产品，其功能强大，界面友好，使用便捷。Quartus Ⅱ软件集成了 Altera 公司的 FPGA/CPLD 开发流程中涉及的所有工具和第三方软件接口。通过使用此开发工具，设计者可以创建、组织和管理自己的设计。

Quartus Ⅱ具有以下特点：

(1) 支持多时钟定时分析、LogicLockTM 基于块的设计、SOPC(可编程片上系统)、内嵌 SignalTap Ⅱ逻辑分析器和功率估计器等高级工具。

(2) 易于引脚分配和时序约束。

(3) 强大的 HDL 综合能力。

(4) 包含 MaxplusⅡ的 GUI，且容易使 MaxplusⅡ的工程平稳过渡到 Quartus Ⅱ开发环境。

(5) 对于 Fmax 的设计具有很好的效果。

(6) 支持的器件种类众多。

(7) 支持 Windows、Solaris、HP-UX 和 Linux 等多种操作系统。

(8) 提供第三方工具，如综合、仿真等的链接。

Quartus Ⅱ软件支持的器件包括：①FPGA，主要有高档 Stratix 系列、中档 Arria 系列、低档 Cyclone 系列；②CPLD，主要有 MAXⅡ系列、MAX3000A 系列、MAX7000 系列和 MAX9000 系列等。

Quartus Ⅱ软件提供了完整的多平台设计环境，能够直接满足设计要求，为可编程器件提供了全面的设计环境。Quartus Ⅱ软件为设计流程的每个阶段提供图形用户界面、EDA

工具界面以及命令行界面。在整个设计流程过程中，可只使用其中的一个界面，也可以在设计流程不同阶段使用不同界面。使用 Quartus Ⅱ 软件可以完成设计流程的所有阶段，它是一个全面的易于使用的独立解决方案。

典型的 Quartus Ⅱ设计流程如图 3-1 所示。结合本流程，本节将逐步介绍设计输入编辑、综合、仿真、编程和配置。

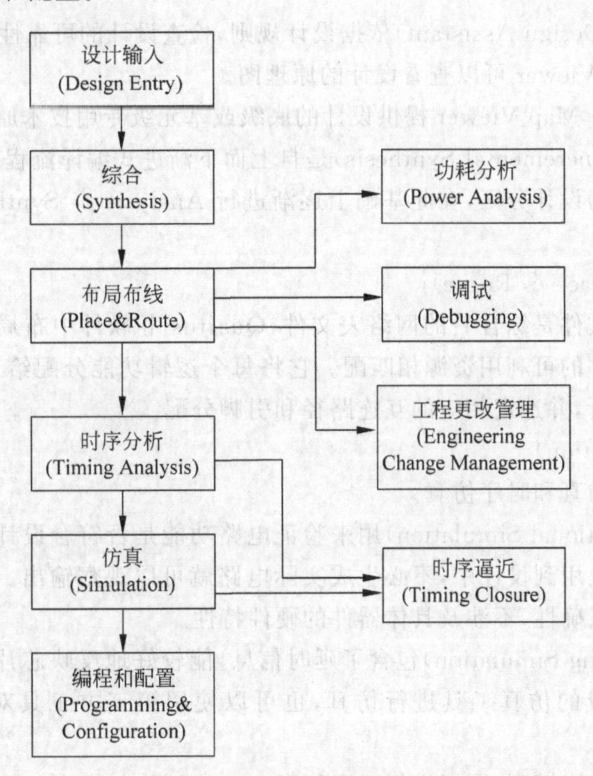

图 3-1　Quartus Ⅱ的设计流程

1. 设计输入(Design Entry)

(1) 文本编辑器(Text Editor)用于以 AHDL、VHDL 和 Verilog HDL 语言以及 Tcl 脚本语言输入文本型设计。

(2) 模块编辑器(Block Editor)用于以原理图和框图的形式输入和编辑图形设计信息。

(3) 符号编辑器(Symbol Editor)用于查看和编辑代表宏功能、宏功能模块、基本单元或设计文件的预定义符号。

(4) 使用 MegaWizard Plug-in Manager 建立 Altera 宏功能模块、LPM 功能和IP 功能，用于 Quartus Ⅱ 软件和 EDA 设计输入与综合工具中的设计。

设计输入即使用 Quartus Ⅱ 软件的模块编辑器、文本编辑器、MegaWizard 插件管理器和 EDA 设计输入工具等，以表达用户的电路构思，同时使用分配编辑器(Assignment Editor)设定初始约束条件。

2. 综合(Synthesis)

综合是将 HDL 语言、原理图等设计输入翻译成由与门、或门、非门、RAM 和触发器等基本逻辑单元组成的逻辑链接(网络表)，并根据目标与要求(约束条件)优化所生成的逻辑链接，输出 edf 网表文件或 vqm 映射文件等标准格式，供布局布线器实现。除了用 Quartus Ⅱ软件的“Analysis & Synthesis”命令进行综合外，也可使用第三方综合工具生成与 Quartus Ⅱ软件配合使用的 edf 或 vqm 文件。

(1) 可以使用分析和综合(Analysis & Synthesis)模块分析设计文件，建立工程数据库。

(2) 设计助手(Design Assistant)依据设计规则，检查设计的可靠性。

(3) 通过 RTL Viewer 可以查看设计的原理图。

(4) Technology Map Viewer 提供设计的底级或基元级专用技术原理表征。

(5) 增量综合(Incremental Synthesis)是自上而下渐进式编译流程的组成部分，可以将设计中的实体指定为设计分区，在此基础上逐渐进行 Analysis & Synthesis，而不会影响工程的其他部分。

3. 布局布线(Place & Route)

布局布线输入文件是综合后的网络表文件，Quartus Ⅱ软件中布局布线是将工程的逻辑和时序要求与器件的可利用资源相匹配。它将每个逻辑功能分配给最佳逻辑单元位置，进行布线和时序分析，并选定相应的互连路径和引脚分配。

4. 仿真(Simulation)

仿真分为功能仿真和时序仿真。

功能仿真(Functional Simulation)用来验证电路功能是否符合设计要求；VHDL 仿真器允许定义输入并应用到设计中，不必生成实际电路就可以观察输出。此仿真主要用于检测系统功能设计的正确性，不涉及具体器件的硬件特性。

时序仿真(Timing Simulation)包含了延时信息，能较好地反映芯片的工作情况。可以使用 Quartus Ⅱ集成的仿真工具进行仿真，也可以使用第三方工具对设计进行仿真，如 ModelSim 仿真工具。

根据适配后的仿真模型，可以进行时序仿真。

5. 编程和配置(Programming & Configuration)

在全编译成功后，对 Altera 器件进行编程和配置，包括 Assemble(生成编程文件)、Programmer(建立包含设计所用器件名称和选项的链式文件)和转换编程文件等。下载到 CPLD/FPGA(Programming)。如果时序仿真通过，那么可以将“适配”时产生的器件编程文件下载到 CPLD 或 FPGA 中(FPGA 的编程通常称为“配置”)。还可以使用 Quartus Ⅱ Programmer 的独立版本对器件进行编程和配置。

6. 调试(Debugging)

SignalTap Ⅱ逻辑分析仪和 SignalProbe 功能可以分析内部器件节点和 I/O 引脚，同时在系统内以系统速度运行。SignalTap Ⅱ逻辑分析器可以捕获和显示 FPGA 内部的实时信号行为。SignalTap Ⅱ可以在不影响设计现有布局布线的情况下将内部电路中特定的信号迅速布线到输出引脚，从而无须对整个设计另做一次全编译。

用于调试的工具有 SignalTap Ⅱ逻辑分析仪、SignalProbe 功能、Chip Editor、RTL Viewer 及 Technology Map Viewer。

7. 功耗分析(Power Analysis)

功耗分析用以进行设计的功耗分析，可以设定初始化功耗分析过程中的触发速率和静态几率，以及是否需要将功耗分析过程中使用的信号活动写入到输出文件，还可以指定基于实体的触发速率。对于有些器件，Quartus Ⅱ软件将分析设计拓扑和功能，填补任何丢失的信号活动信息。

8. 时序分析(Timing Analysis)

时序分析在完整编译期间自动对设计进行时序分析。

9. 时序逼近(Timing Closure)

可以使用时序逼近平面布局图查看 Fitter 生成的逻辑布局，查看用户分配、LogicLock 区域分配以及设计的布线信息。可以使用这些信息在设计中识别关键路径，进行时序分配、位置分配和 LogicLock 区域分配，达到时序逼近。

10. 工程更改管理(Engineering Change Management)

Quartus Ⅱ软件允许在完整编译之后对设计进行小的更改，称作工程更改记录(ECO)。可直接对设计数据库进行 ECO 更改，而不是更改源代码或 Quartus Ⅱ Settings 和 Configuration 文件(.qsf)。对设计数据库做 ECO 更改可避免实施一个小的更改而运行完整的编译。

3.2 基于 Quartus Ⅱ 的设计实例

Quartus Ⅱ设计步骤为：

(1) 建立工程文件夹。

(2) 建立工程：File/New Project Wizard。

目标器件选择 DE2 实验板上的 FPGA 芯片 Cyclone Ⅱ系列 EP2C35F672C6。

指定工作目录，指定工程实体名称，加入工程文件，选择器件，设定 EDA 工具。

(3) 建立 VHDL 文件：File/New/ VHDL File。

(4) 设置顶层实体：Project/Set as Top-Level Entity。

(5) 编译原理图：Processing/Start Compilation。

(6) 建立仿真激励文件：File/New/ University Program VWF。

Insert Node or Bus，输入变量赋值；设置时钟、输入变量；保存。

(7) 波形仿真：Simulation。

(8) 器件引脚定义：Assignments/Pin。

(9) 下载：Tools/Programmer。

分频电路是数字电路系统中的重要单元，本节以 10 分频电路为例，介绍 VHDL 设计实现的全过程。

EDA 软件开发环境为 Quartus Ⅱ 13.0；FPGA 芯片为 ALTERA 公司 Cyclone Ⅱ EP2C35F672C6；实验装置 DE2 开发板。本节通过设计输入、综合、仿真、编程配置对分频器电路的进行硬件实现。下面介绍该电路的具体实现过程。

运行 Quartus Ⅱ 13.0 程序。双击桌面上 Quartus Ⅱ图标运行软件，可能会出现其他信息提示，用户根据自己实际情况进行选择，而后进入如图 3-2 所示的界面。

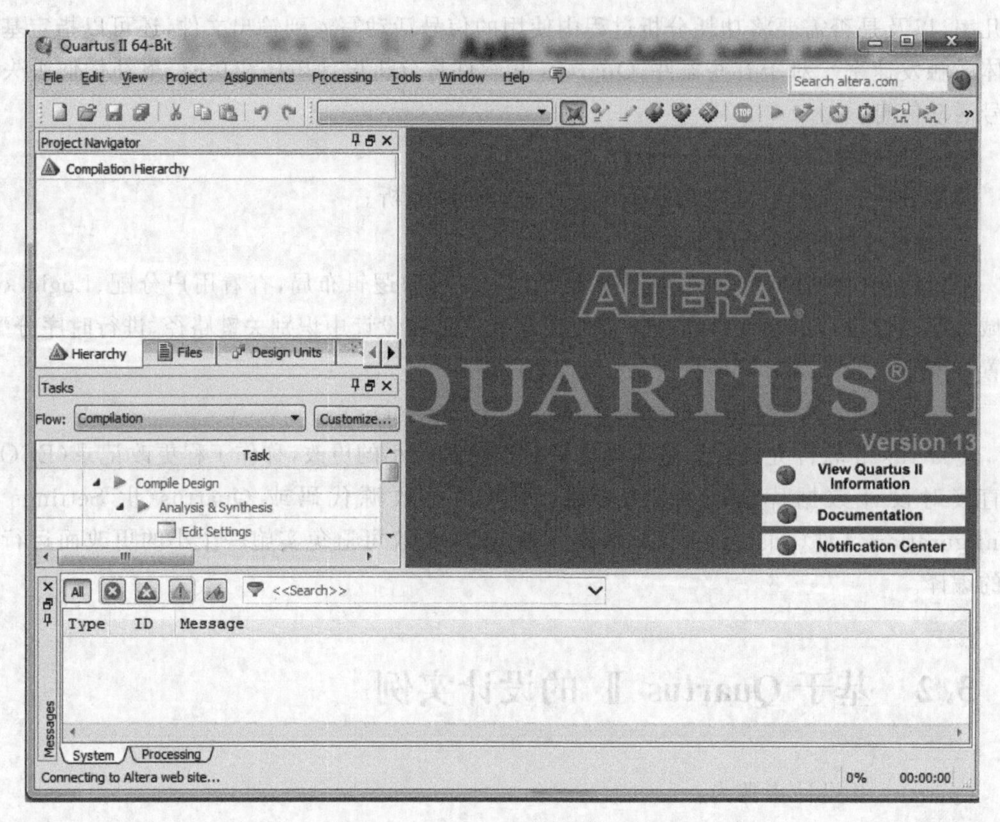

图 3-2 Quartus Ⅱ软件默认界面

3.2.1 设计输入

1. 创建工程

在计算机上创建文件夹，要求用英文或数字命名，不能用中文命名。使用 New Project Wizard 命令创建一个新工程。

(1) 在 Quartus Ⅱ软件界面下，执行菜单命令 File→New Project Wizard，如图 3-3 所示。

(2) 弹出创建工程指南窗口，如图 3-4 所示，单击 Next 按钮。

(3) 弹出工程命名窗口，如图 3-5 所示。

在该对话框中，指定工作目录、工程名、顶层文件名。需注意的是，工程名必须与设计的顶层实体名一致，且工程名和实体名应为字母开头的数字串，否则编辑会报错。这里创建一个工程名为 exp1，顶层文件名也为 exp1，大小写不敏感。单击 Next 按钮。

(4) 弹出设计文件选择页面，如图 3-6 所示。

在该对话框中，可空白，也可将已设计好的文件加入项目中。这里可以加入 VHDL 源程序，也可以加入第三方综合后的网表文件。通常，添加的源文件已经复制到工程的文件夹中。本范例此处空白，单击 Next 按钮。

(5) 进入器件族类型选择页面，如图 3-7 所示。

在该对话框中，指定目标芯片，在 Device family 下拉列表框中选择器件系列，相应地在 Available device 列表中会列出该系列的器件型号。

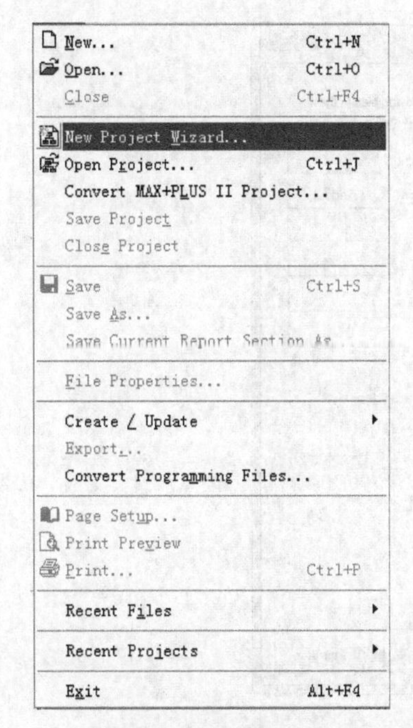

图 3-3　创建新工程

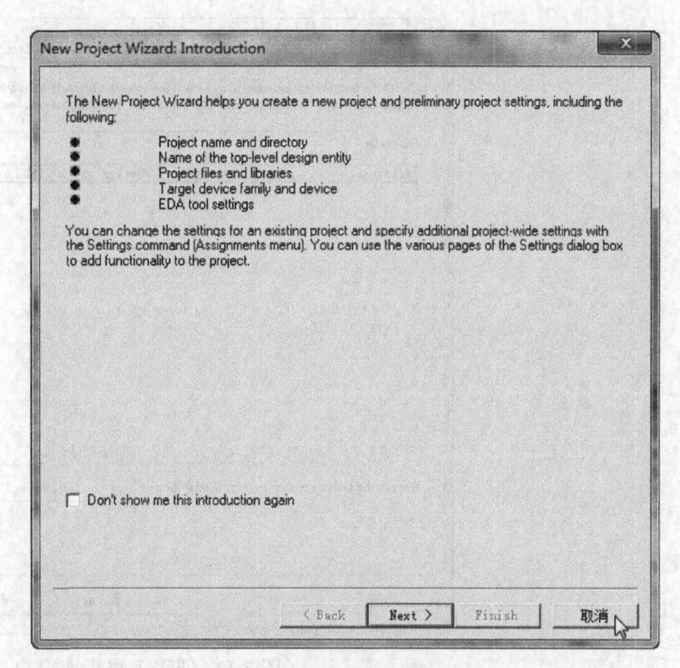

图 3-4　创建工程指南窗口

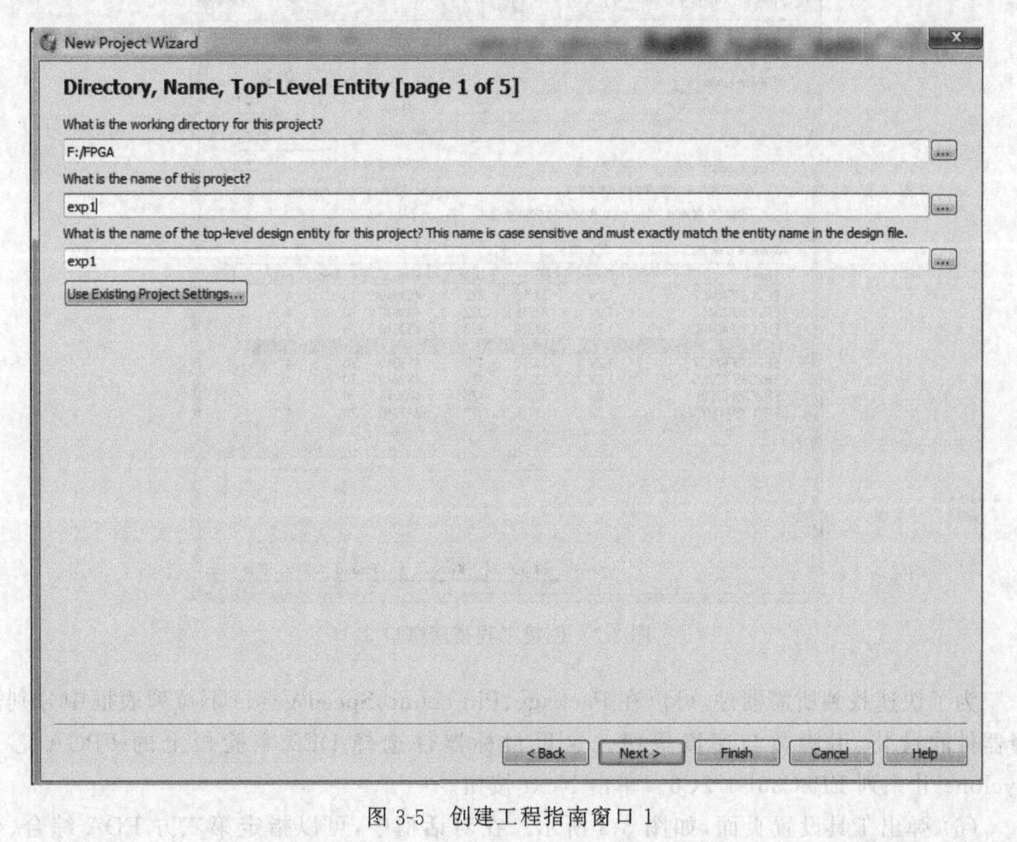

图 3-5　创建工程指南窗口 1

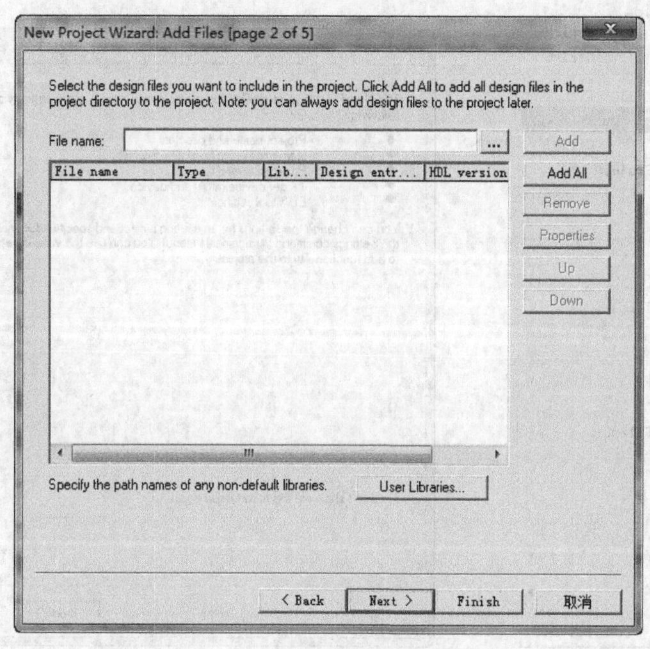

图 3-6 创建工程指南窗口 2

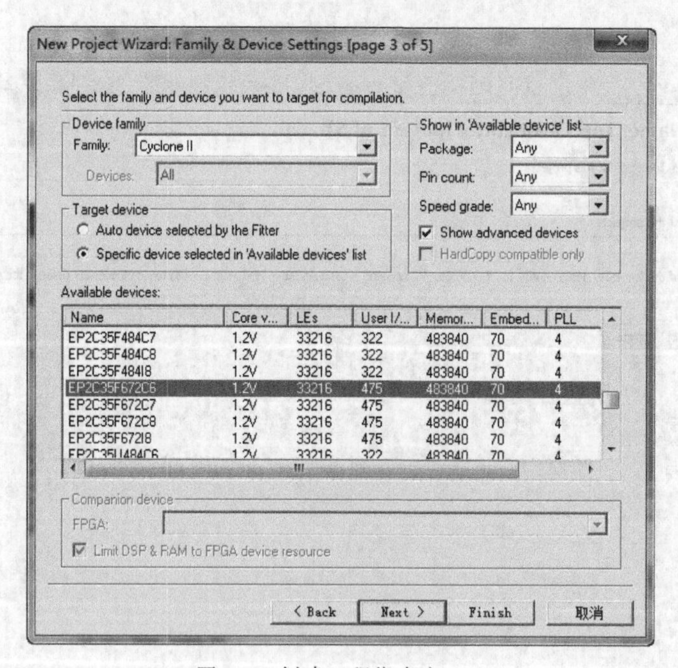

图 3-7 创建工程指南窗口 3

为了快速找到所需器件，可以在 Package、Pin count、Speed grade 下拉列表框中分别选择器件的封装、引脚数与速度等级。这里目标器件选择 DE2 实验板上的 FPGA 芯片 Cyclone Ⅱ系列 EP2C35F672C6。单击 Next 按钮。

(6) 弹出工具设置页面，如图 3-8 所示。在对话框中，可以指定第三方 EDA 综合、仿真、时序分析工具。在 Design Entry/Synthesis 区中指定第三种综合工具，目前应用较为广泛的为 Synplify Pro；在 Simulation 区中指定第三方仿真工具，一般选用 ModelSim；在 Timing Analysis 区中指定时序分析工具。

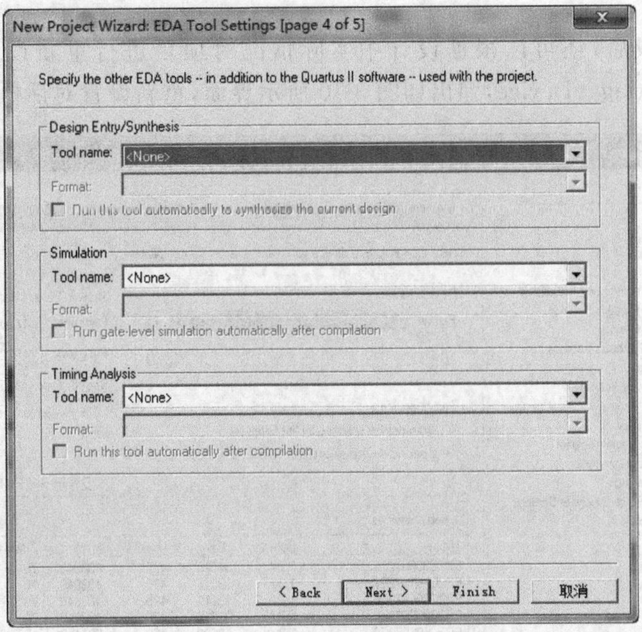

图 3-8 创建工程指南窗口 4

若选为“None”，则表示使用 Quartus Ⅱ 软件集成的工具。本工程使用 Quartus Ⅱ 软件自带的综合、仿真、时序分析工具，因此不需要选择。单击 Next 按钮。

(7) 弹出完成确认界面，如图 3-9 所示。

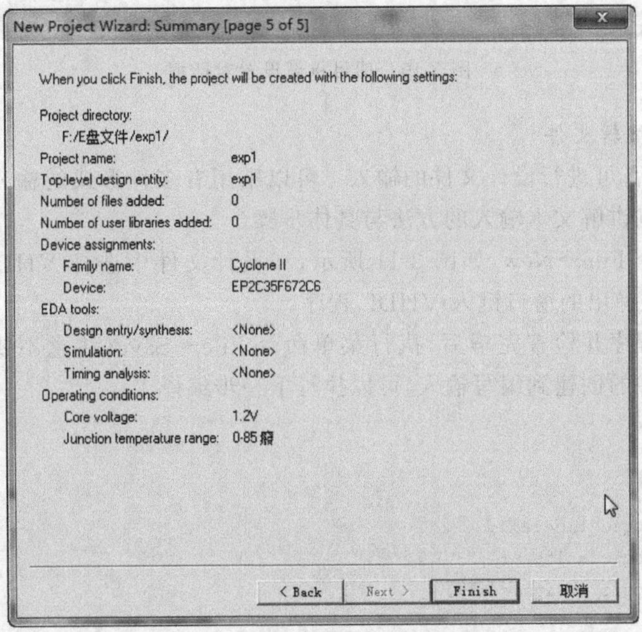

图 3-9 创建工程指南窗口 5

在该对话框中可以看到工程设置的信息，依次为项目路径、项目名、顶层实体名、加入文件数目、指定的库数目、选择的器件及调用了哪些第三方 EDA 工具。最后单击 Finish 按钮完成工程设计。

项目建立完成后，还可以根据设计中实际情况对项目进行重新设置，执行菜单命令 Assignment→Setting→Device，弹出如图 3-10 所示界面，重新设置对话框相关内容。

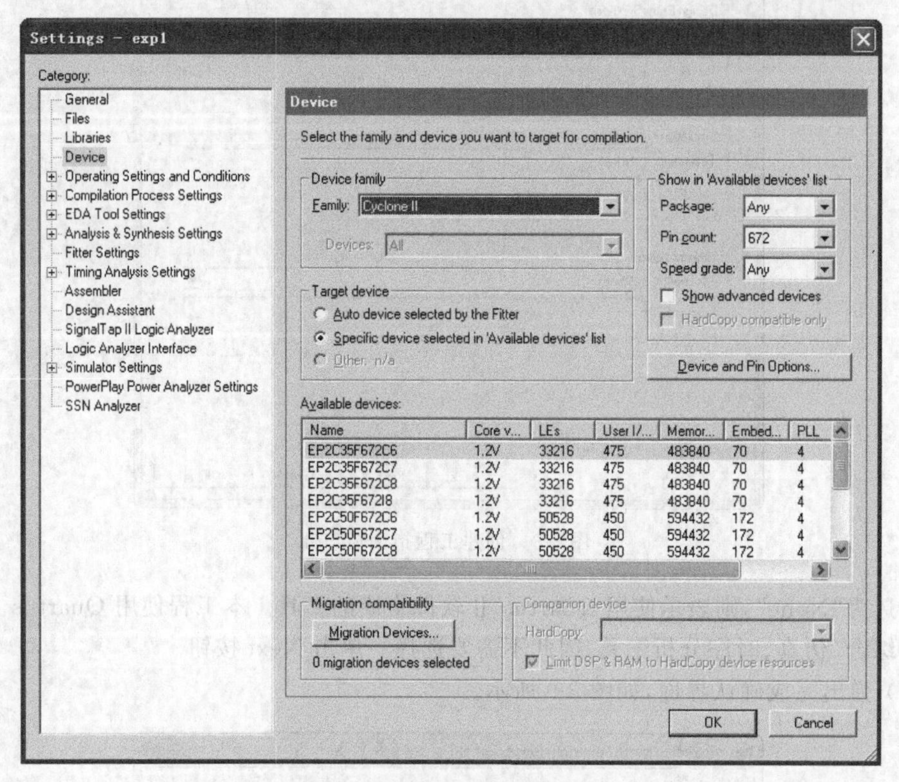

图 3-10 项目重新设置对话框

2. 建立文本编辑文件

当工程建立后，可进行设计文件的输入。可以采用有多种形式的输入方法。以 VHDL 语言文本输入为例讲解文本输入的方法与具体步骤。

执行菜单命令 File→New，如图 3-11 所示，在设计文件中选择 VHDL File 文件，单击 OK 按钮后即可在弹出的窗口键入 VHDL 程序。

键入完整的程序并检查完毕后，执行菜单命令 File→Save(注意不要修改保存的文件名)，即完成了文件的创建到编写输入，可以执行下一步编译了。

程序代码如下：

```
library IEEE;
use IEEE.std_logic_1164.all;
use IEEE.std_logic_arith.all;
use IEEE.std_logic_unsigned.all;

entity exp1 is
```

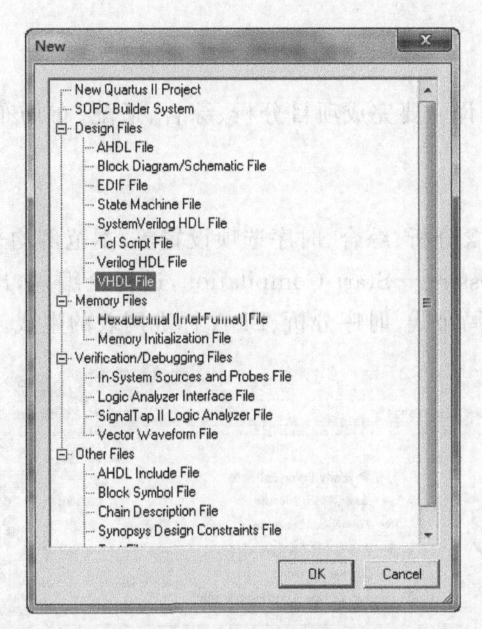

图 3-11 设计文件输入选择

```
generic (n:integer: = 10);
port (
        clkin: in std_logic;
        clkout: out std_logic
    );
end exp1;

architecture a of exp1 is
signal count:integer range  0 to n;
begin
process(clkin)
begin
if clkin'event and clkin = '1'
    then if (count = n - 1)
            then count < = 0;
        else count < = count + 1;
                if count < (integer(n/2))
                    then clkout < = '0';
                    else clkout < = '1';
                end if;
        end if;
end if;

end process;
end a;
```

此程序完成对输入时钟信号 10 分频功能。

3.2.2 综合

Quartus Ⅱ软件全编译主要完成项目分析、综合、适配、布局布线,最后生成下载文件,并生成用于仿真的文件。

1. 编译

编译器选项设置,包含分析、综合、时序选项设置等,本范例均采用系统缺省设置。

执行菜单命令 Processing→Start Compilation,进行全编译,出现图 3-12 所示界面,包含了分析、综合、适配、布局布线、时序分析、EDA 标准网表的生成。

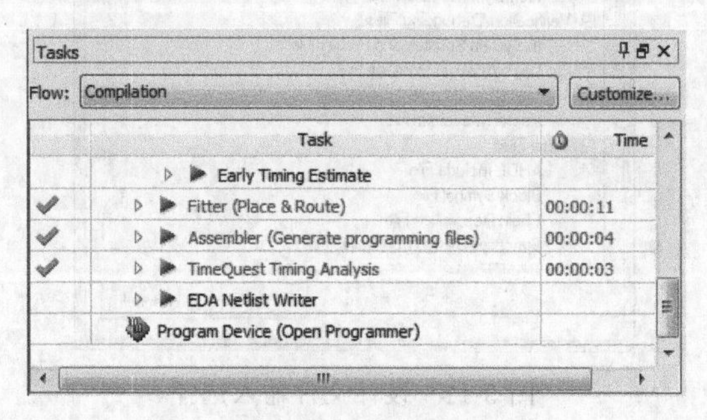

图 3-12 编译窗口

编译开始,在编译窗口显示编译进度。

编译结束后,显示窗口如图 3-13 所示,有警告信息或错误信息提示。如果出现错误信息提示,返回到 VHDL 文件,查找错误代码,重新进行编译操作,直到无错误信息报告。

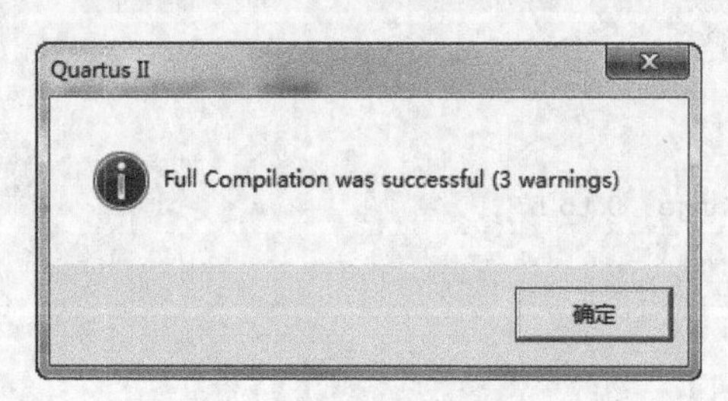

图 3-13 编译状态完成窗口

编译结束后,文件编译错误类型的提示在软件信息栏中有提示,双击错误提示,可找到与错误相关的位置及相关的代码。

编译完成,进行引脚分配。

2. 引脚分配

工程中添加设计输入文件后,需要给设计分配引脚和时序约束。分配引脚是将设计文件的输入/输出信号指定到器件的某个引脚,设置此引脚的电平标准、电流强度等。器件下载之前要对输入、输出引脚指定具体器件引脚号,这个过程称为锁定引脚,或引脚约束。

引脚分配时序约束通常的做法是设计者编写约束文件并导入到综合、布局布线工具,在 FPGA/CPLD 综合、布局布线步骤时指导逻辑映射、布局布线。也可以使用 Quartus Ⅱ软件中集成的工具 Assignment editor 和 Settings 框等进行引脚分配和时序约束。引脚设置,执行菜单命令 Assignments→Pin planner,弹出界面如图 3-14 所示。

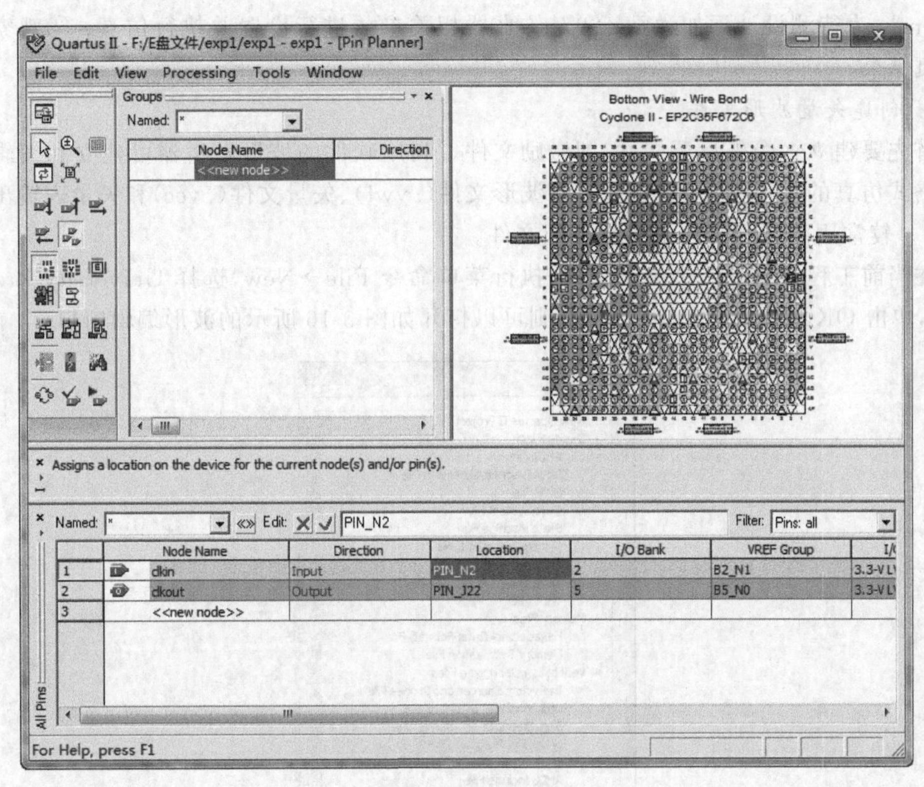

图 3-14　定义引脚

(1) 选择引脚。

项目综合后，工程中的各输入/输出端口会出现在下方的窗口，在各引脚对应的Location空白处双击鼠标，弹出目标芯片的未使用引脚，按照要求选择其中的一个引脚，也可以直接在该栏输入引脚号，这样就完成了一个信号的引脚锁定。重复上述过程，将输入信号 clkin 锁定在 pin_n2 引脚，输出信号 clkout 锁定在 pin_j22 引脚。

本范例中引脚号的锁定取决于 DE2 实验板，参考 DE2 使用说明完成对各个信号的锁定。

(2) 所有引脚锁定完成后要重新进行一遍编译，执行菜单命令 Processing→Start Compilation。

编译成功后下载到芯片。如果器件引脚锁定有错，则重复上述操作，再编译。

3. 实现与报告分析

全编译通过后，会生成程序下载文件.SOF 和.POF，供硬件下载与验证使用，同时会生成输出全编译报告(Flow Summary)。在该报告中可以看到设计实体名、芯片型号、芯片中使用了多少资源等。

编译结束后，可继续进行实验的仿真以验证其逻辑上的可行性，也可将工程直接下载到芯片。

3.2.3　仿真

完成设计项目的输入、综合以及布局布线等步骤后，需要使用 Quartus Ⅱ 软件对设计的功能和时序进行仿真，以验证设计的正确性。分为三个步骤：①绘制激励波形或编写

testbench,为待测设计添加激励;②对仿真器相关参数进行设置并执行仿真;③观察和分析仿真结果。

1. 创建矢量波形文件

首先要建立一个矢量源文件,即激励文件。利用软件的波形发生器可建立和编辑用于波形格式仿真的输入矢量,它支持矢量波形文件(.vwf)、矢量文件(.vec)和矢量表输出文件(.tbl)。较常用的激励文件是矢量波形文件。

在当前工程下建立一个波形文件,执行菜单命令 File→New,选择 University Program VWF,单击 OK 按钮,如图 3-15 所示,则可以打开如图 3-16 所示的波形编辑窗口。

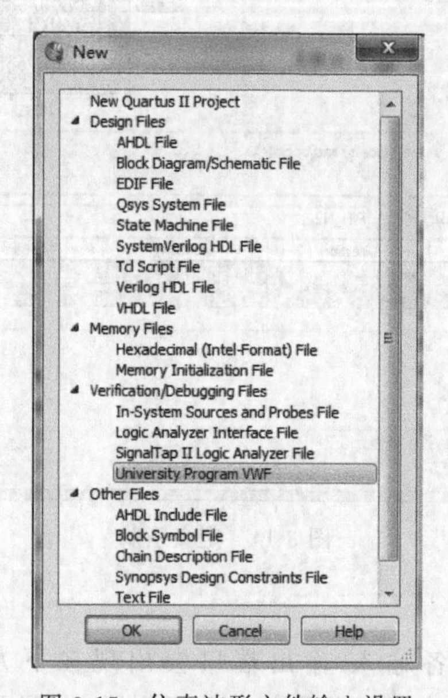

图 3-15 仿真波形文件输入设置

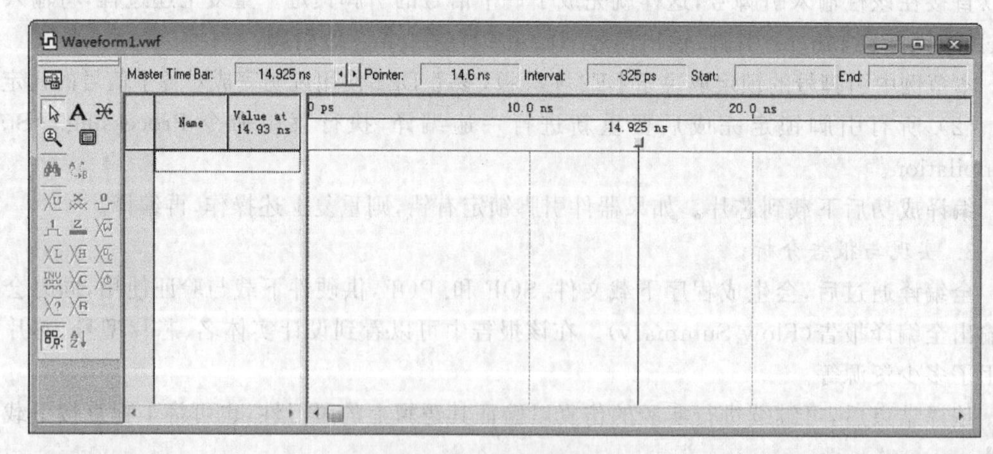

图 3-16 波形编辑窗口

波形编辑窗口默认的仿真时间长度为 $1\mu s$。有时仿真时间长度不满足用户要求,用户可以执行菜单命令 Edit→End Time,弹出如图 3-17 所示的对话框,在该对话框中输入用户希望的仿真时间长度。

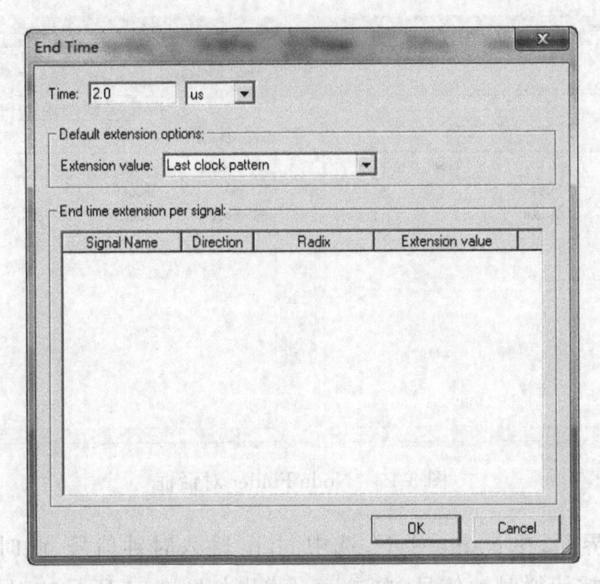

图 3-17 设置仿真时间域对话框

本范例修改仿真时间长度为 2μs，单击 OK 按钮。

2. 在矢量波形文件中加入输入、输出节点

如图 3-16 所示窗口，在左边 Name 列的空白处右击，在弹出的快捷键菜单中选择 Insert→Insert Node or Bus 选项，则弹出如图 3-18 所示的对话框，该过程也可以通过在左边 Name 列的空白处双击完成。

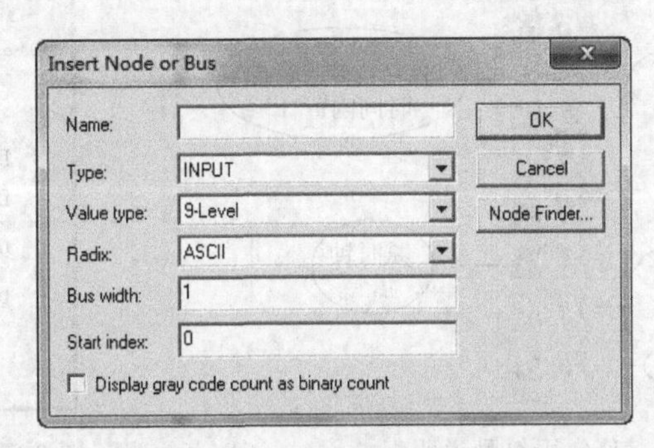

图 3-18 插入节点或总线对话框

在图 3-18 所示对话框中，单击 Node Finder 按钮，则弹出如图 3-19 所示的对话框。在 Filter 选项中，选择 all，单击 List 按钮，设计电路的输入/输出信号将在 Nodes Found 栏下面显示出来，从该栏所列信号中选择需要仿真的信号加入 Selected Nodes 栏中，如果要加入全部波形节点，则直接单击“>>”按钮。

在 Node Finder 窗口单击 OK 按钮，且在 Insert Node or Bus 窗口继续单击 OK 按钮完成了信号的添加。

3. 编辑输入信号波形

单击选取的信号，将待仿真的信号依照控制逻辑对信号赋逻辑电平或二进制代码。图 3-20 对仿真工具赋值常用符号进行了说明。

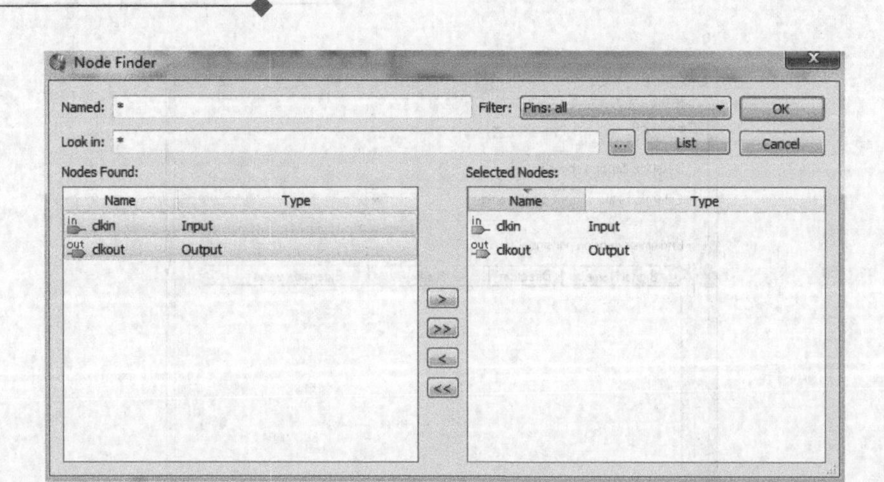

图 3-19 Node Finder 对话框

在图 3-20 所示界面，在 Name 栏下，选中 clkin 输入时钟信号，此时被选中的信号改变底色，选择仿真工具按钮栏时钟信号，单击 ，弹出如图 3-21 所示的对话框，在该对话框指定输入时钟周期、相位和占空比。

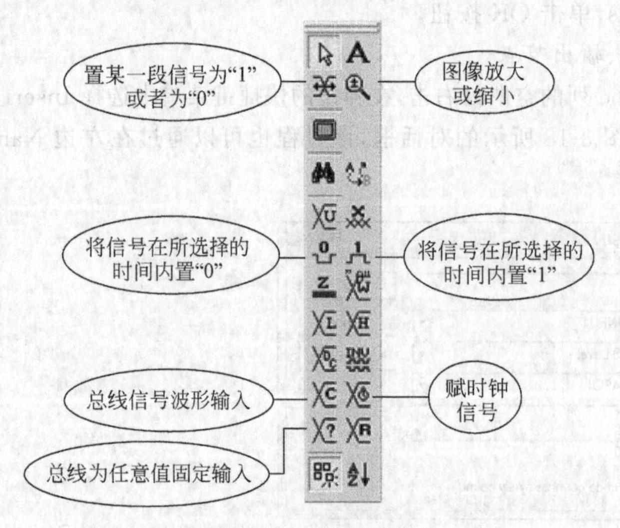

图 3-20 赋值常用符号说明

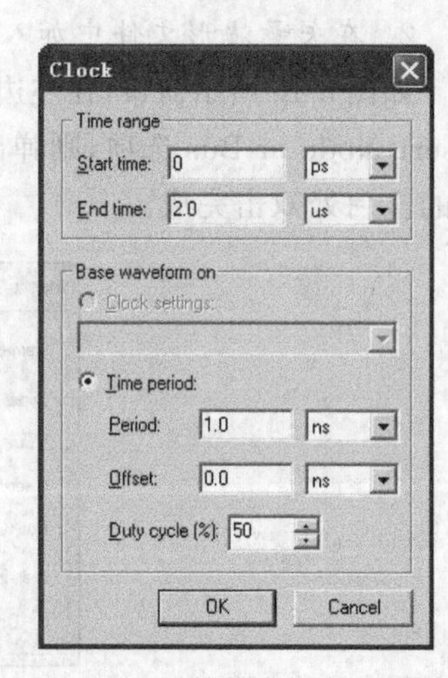

图 3-21 时钟信号设定对话框

选择 clkin 时钟信号周期为 1ns，初始相位为 0，占空比为 50%。

设定时钟后，仿真输入波形文件如图 3-22 所示，保存该文件。文件后缀名为 *.vwf。

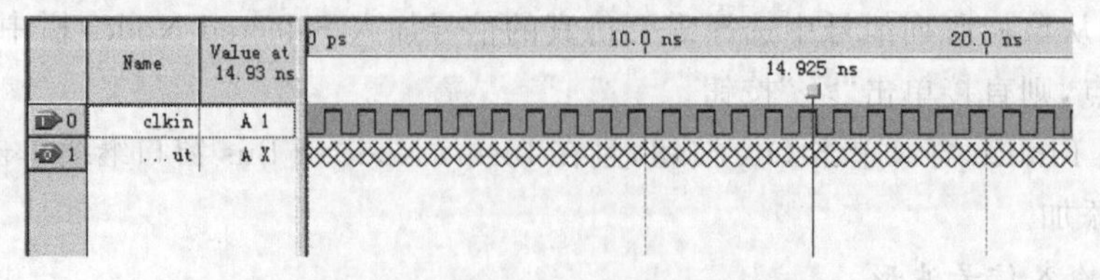

图 3-22 设置输入信号的波形编辑器

建议保存的文件名与文件实体名一致。

4. 设置仿真器

在进行仿真之前,要对仿真器进行一些设置,执行菜单命令 Simulation,弹出如图 3-23 所示对话框,Quartus Ⅱ软件提供了两个层次的仿真:功能仿真与时序仿真。

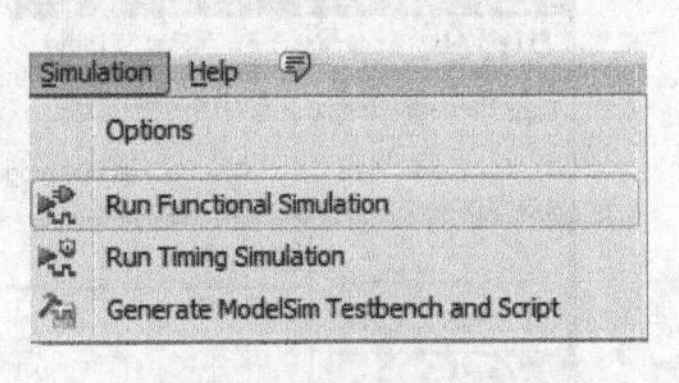

图 3-23 仿真窗口

本范例采用功能仿真,仿真输出波形报告如图 3-24 所示。

观察仿真结果,验证程序或电路原理图逻辑正误,确认无误就可下载到器件上了。从图 3-24 波形图中可以看到,计数器 10 分频的功能已经实现。

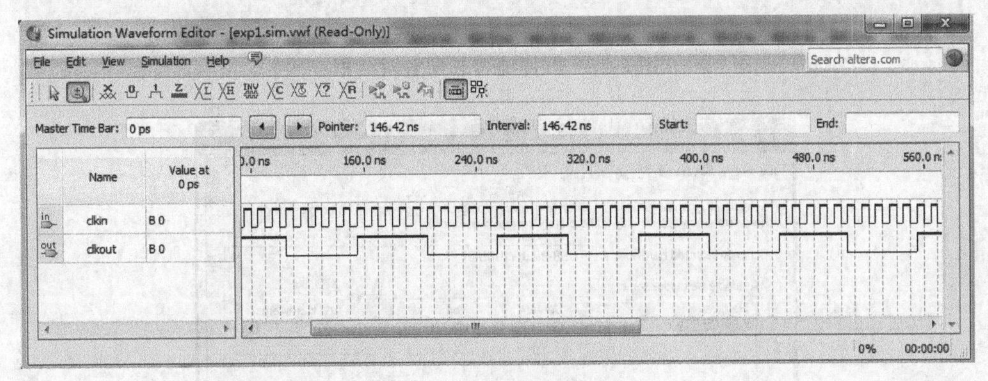

图 3-24 10 分频仿真报告

需要注意:每当输入的源程序文件修改后,都需要重新进行编译,对功能仿真而言,都要重新生成新的仿真网络表文件,再进行仿真。

3.2.4 编程配置

使用 Quartus Ⅱ成功编译工程且功能、时序均满足设计要求后,可对器件进行编程和配置。Quartus Ⅱ软件提供了四种编程模式:

(1) 被动串行模式 PS(Passive Serial Model);

(2) JTAG 模式;

(3) 主动串行下载模式 AS(Active Serial Programming Model);

(4) 套接字内编程模式(In-socket Programming Model)。

一般情况下,设计初期采用 JTAG 模式下载。采用该下载方式,是将程序直接下载到 FPGA 的 SRAM 中,掉电后程序丢失,但此方式下载速度快,便于调试。当设计完成后,多采用 AS 模式,该方式将程序下载到 FPGA 的配置芯片,掉电后,程序不会丢失。

下面给出器件编程步骤:

(1) 执行菜单命令 Tools→Programmer,进入器件编程和配置对话框,如图 3-25 所示。此时在 Hardware Setup 按钮右边文本框中显示 No Hardware,说明目前还没有硬件,不能进行下载。

(2) 连接 DE2 实验板 USB 下载线,且给 DE2 加电,单击 Hardware Setup 按钮,弹出硬件安装对话框,如图 3-26 所示。在 Currently selected hardware 下拉列表框中列出了已安装好的可以使用的编程电缆,对 DE2 实验板选择 USB-Blaster,双击此选项,关闭此对话框,完成硬件设置。

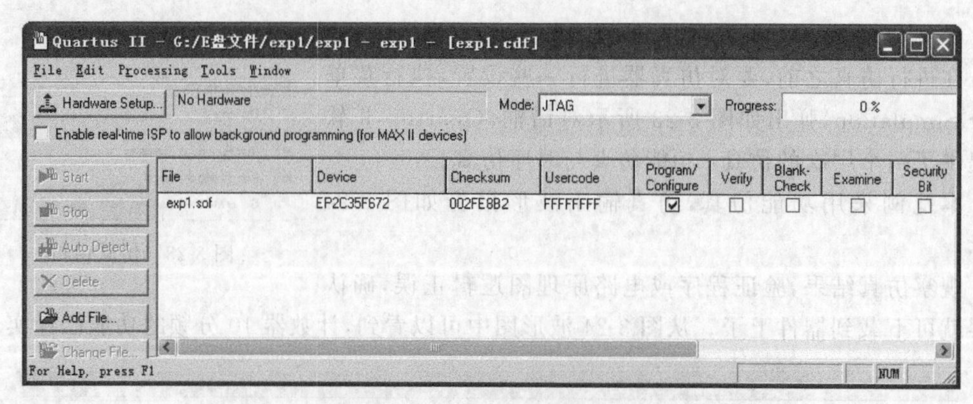

图 3-25　器件编程和配置对话框

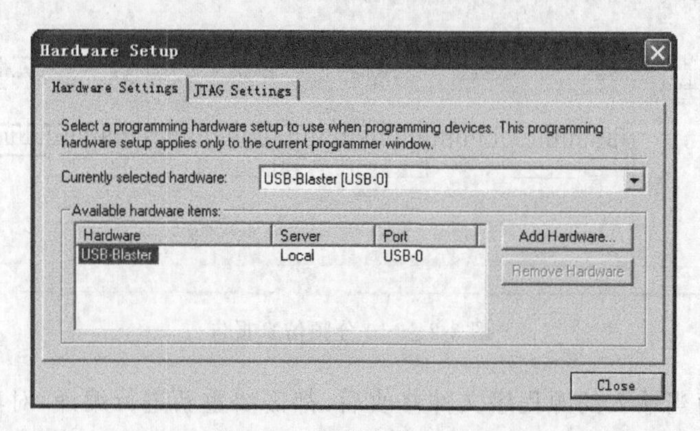

图 3-26　硬件安装对话框

如果在 Currently selected hardware 下拉列表框中没有显示 USB-Blaster，则需要安装 USB-Blaster 驱动程序，安装过程如下：

【我的电脑】(鼠标右键)→【属性】→【硬件】→【设备管理器】→【通用串行总线控制器】→【USB-Blaster】(鼠标右键)选择更新驱动程序→从列表或指定位置安装→选择在搜索中包含这个位置，给出驱动程序所在文件夹 *:\altera\13.0sp1\quartus\drivers\usb-blaster，完成安装。

USB-Blaster 的驱动程序在 Quartus Ⅱ 安装目录下，即\altera\13.0sp1\quartus\drivers\usb-blaster。

重新单击 Hardware Setup 按钮，在下拉列表框中可看到 USB-Blaster 选项。

在 Mode 下拉列表框中，选择下载方式，单击 Start 按钮，便可将生成的文件下载到指定的芯片中。

本范例中，选择 JTAG 下载模式，Program/Configure 选项进行选择，单击 Start 按钮，观察 Progress 进程，当下载完成时，Progress 进程显示 100%。

利用示波器观察输出信号，可实现对输入时钟的 10 分频功能。

注意选择 JTAG 下载，添加下载文件名的后缀为.Sof 文件；

注意器件型号是否与目标器件一致，DE2 实验板的 FPGA 器件为 EP2C35F672；

注意 Program/Configure 选项一定要进行选择。

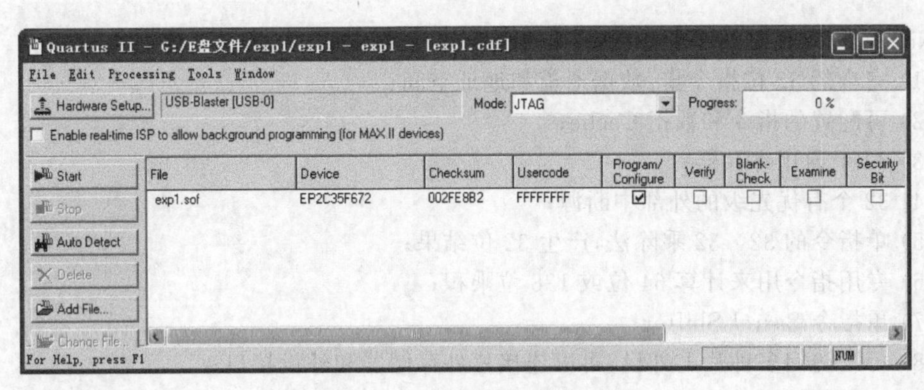

图 3-27 下载程序到目标芯片

3.3 SOPC 系统设计

SOPC(System-on-a-Programmable-Chip,可编程片上系统)即用可编程逻辑技术把整个系统放到一块硅片上。SOPC 是一种特殊的嵌入式系统：首先它是片上系统(SOC),即由单个芯片完成整个系统的主要逻辑功能；其次,它是可编程系统,具有灵活的设计方式,可裁剪、可扩充、可升级,并具备软硬件在系统可编程的功能。

SOPC 最早是由 Altera 公司提出的,它是基于 FPGA 解决方案的 SOC 片上系统设计技术。它将处理器、I/O 口、存储器以及需要的功能模块集成到一片 FPGA 内,构成一个可编程的片上系统。SOPC 是现代计算机应用技术发展的一个重要成果,也是现代处理器应用的一个重要的发展方向。

SOPC 设计,包括以 32 位 Nios Ⅱ 软核处理器为核心的嵌入式系统的硬件配置、硬件设计、硬件仿真、软件设计、软件调试等。SOPC 系统设计的基本工具除了上述 Quartus Ⅱ(用于完成 Nios Ⅱ 系统的综合、硬件优化、适配、编程下载和硬件系统测试),Altera 还提供了两个 SOPC 系统设计工具,一个包含在 Quartus Ⅱ 软件中,即 Qsys,另一个是 Eclipse。Qsys 是 SOPC Builder 的新一代产品,设计 SOPC 硬件,为建立 SOPC 设计提供标准化的图形环境,创建基于 Nios Ⅱ 的系统,实现 Nios Ⅱ 嵌入式处理器的配置、生成,并且添加存储器、标准外设和用户自定义的外设等组件。Qsys 将这些组件组合起来,生成对这些组件进行例化的单个系统模块,并自动生成必要的总线逻辑,将这些组件连接起来。而 Eclipse 用于 Nios Ⅱ 系统软件的设计,进行软件编译和调试。

3.3.1 Nios Ⅱ 简介

Nios Ⅱ 是 Altera 公司自己开发的嵌入式 CPU 软内核,几乎可以用在 Altera 所有的 FPGA 内部。Nios 处理器及其外设都是用 HDL 语言编写的,在 FPGA 内部利用通用的逻辑资源实现,所以在 Altera 的 FPGA 内部实现嵌入式系统具有极大的灵活性。Nios 常常被应用在一些集成度较高,对成本敏感,以及功耗要求低的场合。

在可编程逻辑器件中,用户使用 CPU,绝大部分并不是为了追求性能,而是为了 PLD 特有的灵活性和可定制性,同时也可以提高系统的集成度,这些正是 Nios 系统天生具备的,也是 Nios 受欢迎的原因。

Nios Ⅱ处理器是一个通用的32位RISC处理器内核。它的主要特点如下：

(1) 完全的32位指令集、数据通道和地址空间；

(2) 可配置的指令和数据Cache；

(3) 32个通用寄存器；

(4) 32个有优先级的外部中断源；

(5) 单指令的32×32乘除法，产生32位结果；

(6) 专用指令用来计算64位或128位乘积；

(7) 单指令Barrel Shifter；

(8) 可以访问多种片上外设，可以连接片外存储器和外设接口；

(9) 具有硬件协助的调试模块，可以使处理器在IDE中做出各种调试工作，如开始、停止、单步和跟踪等；

(10) 在不同的Nios Ⅱ系统中，指令集结构(ISA)完全兼容；

(11) 性能达到150DMIPS以上。

Nios Ⅱ处理器系统包括一个可配置的CPU软内核、FPGA片内的存储器和外设、片外的存储器和外设接口等。Nios Ⅱ处理器内核类型包括Nios Ⅱ/f(Fast,快速型)、Nios Ⅱ/e(Economy,经济型)、Nios Ⅱ/s(Standard,标准型)。一个典型的Nios Ⅱ处理器系统如图3-28所示。

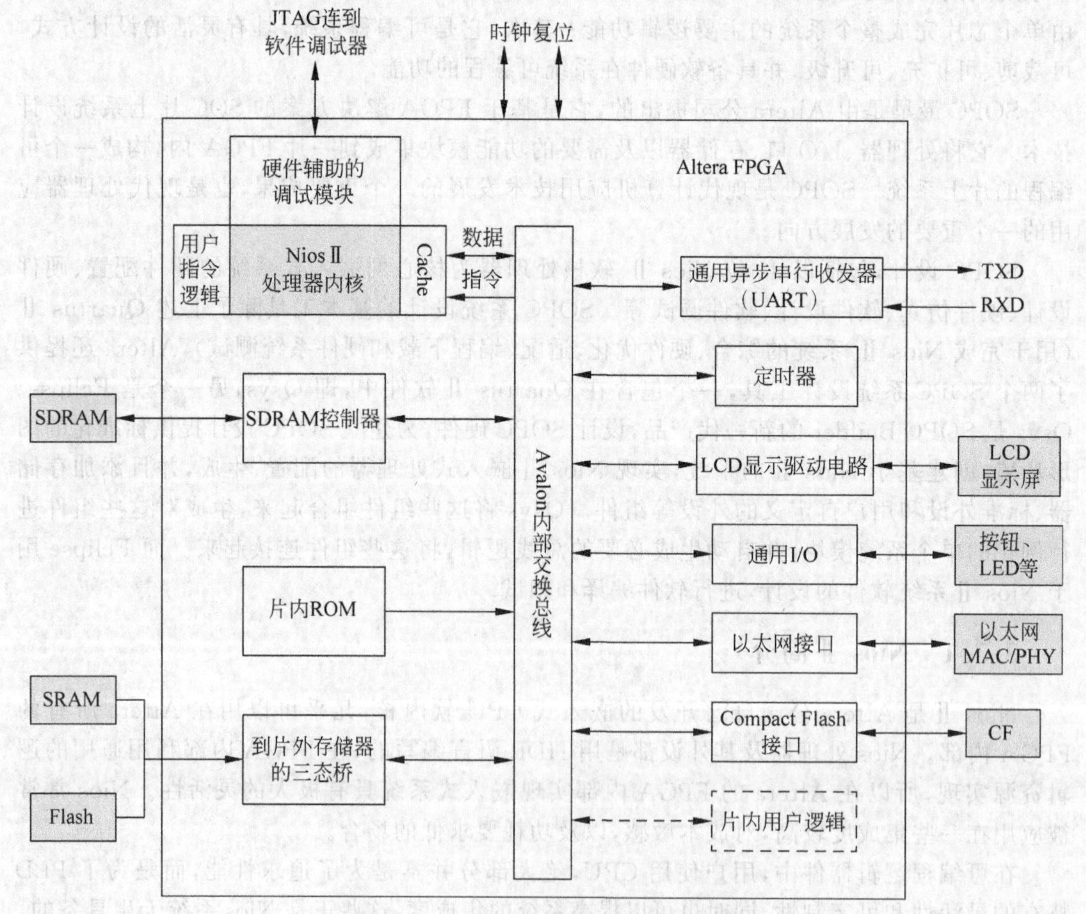

图3-28 Nios Ⅱ处理器系统的典型架构

3.3.2 SOPC 系统的设计开发流程

SOPC 系统的设计分为硬件设计和软件设计。用户首先利用 Qsys 的图形界面定制系统,产生输出文件,然后进入传统的硬件开发流程：在 Quatus Ⅱ 中进行逻辑综合、布局布线。在软件开发流程中,用户可以利用 Eclipse 工具环境,建立工程、编译设计、调试等。基本流程如图 3-29 所示。

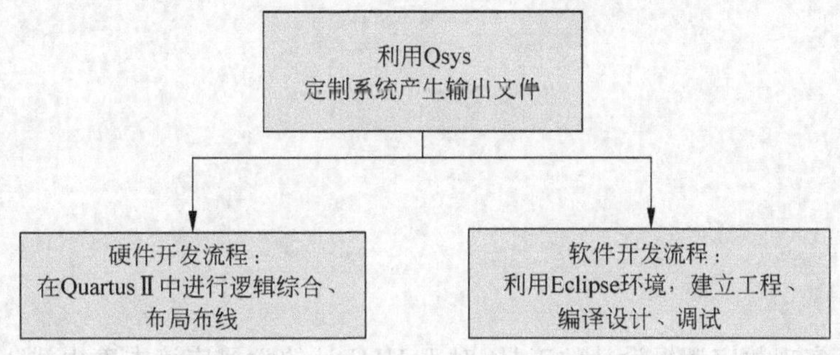

图 3-29 SOPC 系统的设计开发流程

SOPC 设计全流程示意图如图 3-30 所示。

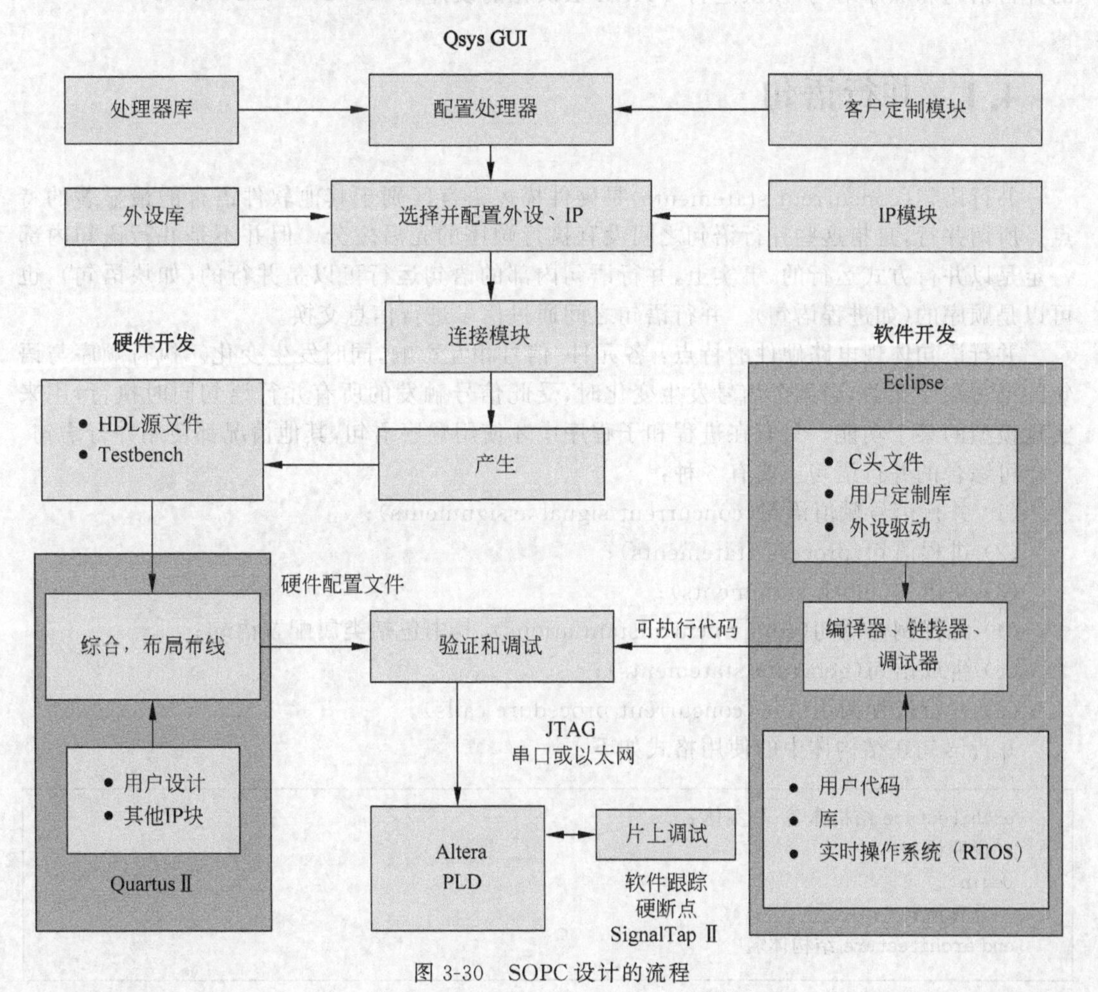

图 3-30 SOPC 设计的流程

第4章

VHDL设计进阶

VHDL 是实现数字逻辑设计的工具，对于 VHDL 的学习应该本着由浅入深、快速应用的原则进行。并行语句和顺序语句是 VHDL 程序设计的两类基本描述语句，本章介绍常用的并行语句和顺序语句，以及进行 VHDL 层次化的设计。

4.1 并行语句

并行语句(concurrent statements)是硬件描述语言区别于其他软件语言的最显著的特点。所谓并行，是指这些并行语句之间没有执行顺序的先后之分。但并不是并行语句内部一定是以并行方式运行的，事实上，并行语句内部的语句运行可以是并行的(如块语句)，也可以是顺序的(如进程语句)。并行语句之间通过信号进行信息交换。

并行语句体现电路硬件的特点：各元件/信号相互影响，同时发生变化。执行顺序与语句的书写顺序无关，当某个信号发生变化时，受此信号触发的所有并行语句同时执行，用来实现模型的某个功能。只有在进程和子程序中才使用顺序语句，其他情况都使用并行语句。

可综合的并行语句主要有 6 种：

(1) 并行信号赋值语句(concurrent signal assignments)；

(2) 进程语句(process statements)；

(3) 块语句(block statements)；

(4) 元件例化语句(component instantiations)，其中包括类属配置语句；

(5) 生成语句(generate statements)；

(6) 并行过程调用语句(concurrent procedure calls)。

并行语句在结构体中的使用格式如下：

```
architecture 结构体名 of 实体名 is
  说明语句
begin
  并行语句
end architecture 结构体名
```

并行语句说明：

(1) 各种并行语句在结构体中的执行是同步进行的，或者说是并行运行的，其执行方式与书写的顺序无关。

(2) 在执行中，并行语句之间可以有信息往来，也可以是互为独立、互不相关、异步运行的(如多时钟情况)。

(3) 每一并行语句内部的语句运行可以有两种不同的方式，即并行执行方式(如块语句)和顺序执行方式(如进程语句)。

4.1.1 并行信号赋值语句

并行信号赋值语句分为以下 3 种类型：

(1) 简单信号赋值语句；

(2) 选择信号赋值语句；

(3) 条件信号赋值语句。

这 3 种信号赋值语句的共同特点：赋值目标必须都是信号，所有的赋值语句在结构体内的执行都是同时发生的，与它们的书写顺序无关。下面分别介绍这几种信号赋值语句。

1. 简单信号赋值语句

简单信号赋值语句语法格式：

```
signal_name <= 逻辑表达式
```

图 4-1 为一个 4 选 1 数据选择器的元件外观图，其输入为 d3～d0，sel 为 2 位地址线，输出为 y。

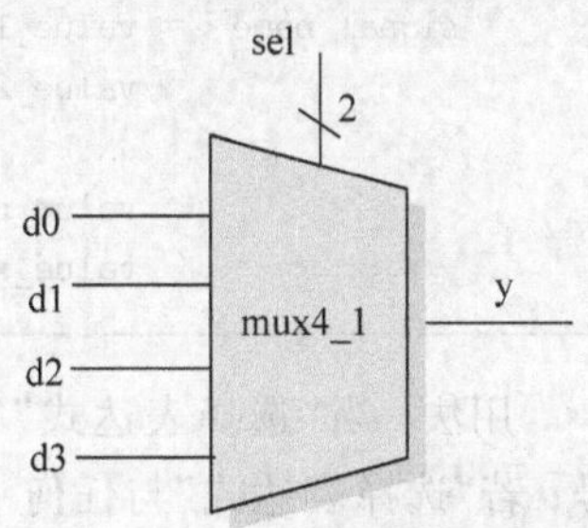

图 4-1 4 选 1 数据选择器

例 4-1：简单信号赋值语句描述 4 选 1 数据选择器。

```
library IEEE;
use IEEE.std_logic_1164.all;
use IEEE.std_logic_arith.all;
use IEEE.std_logic_unsigned.all;

entity mux4_1 is
port(sel: in std_logic_vector(1 downto 0);
     d0,d1, d2, d3:in std_logic;
     y: out std_logic);
end  mux4_1;
architecture aaa of mux4_1 is
begin
y <= (d0 and not(sel(1)) and not(sel(0))) or
           (d1 and not(sel(1)) and sel(0)) or
           (d2 and sel(1) and not(sel(0))) or
           (d3 and sel(1) and sel(0));
end aaa;
```

其仿真图如图 4-2 所示。

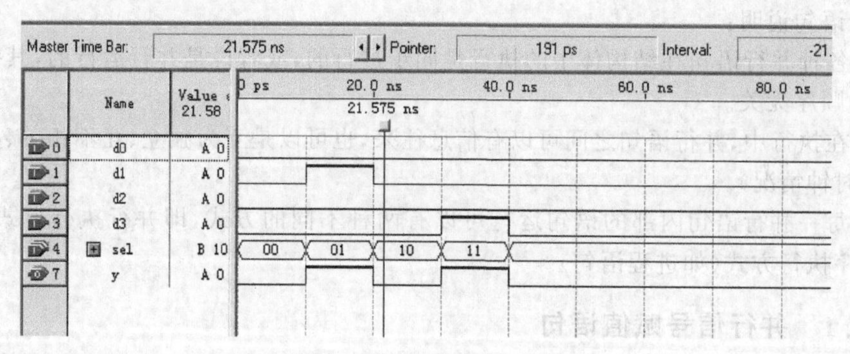

图 4-2 4 选 1 数据选择器仿真图

2. 选择信号赋值语句

选择信号赋值语句是对某一特定信号进行选择值的判断。

选择信号赋值语句(with_select_when)语法格式:

```
with selection_signal select
  signal_name <= value_1 when value_a ,
                 value_2 when value_b ,
                 …
                 value_n when value_n ,
                 value_x when others;
```

用法:当"选择表达式"等于某一个"选择值"时,就将其对应的表达式的值赋给目标信号;若"选择表达式"与任何一个"选择值"均不相等,则将 when others 前的表达式的值赋给目标信号。由(with_select_when)语法很容易联想到数据选择器(Multiplexer)。

例 4-2:选择信号赋值语句描述 4 选 1 数据选择器。

```
architecture logic of mux4_1 is
begin
with sel select
    y <= d0 when "00",
         d1 when "01",
         d2 when "10",
         d3 when others;
end logic;
```

注意事项:

(1) 所有的"when"子句必须是互斥的;

(2) 选择值要覆盖所有可能的情况,一般用"when others"来处理未考虑到的情况;

(3) 每一子句结尾是逗号,最后一句是分号。

3. 条件信号赋值语句

当需要对多个信号条件号进行判断时,选择信号赋值语句就无能为力了。这时需要用到条件信号赋值语句。

条件信号赋值语句(when_else)语法格式:

```
signal_name <=  表达式 1 when 赋值条件 1 else
                表达式 2 when 赋值条件 2 else
                …
                表达式 n when 赋值条件 n else
                表达式;
```

用法：对较多信号条件进行判断。赋值条件按照书写的先后顺序逐条测试。一旦发现某一赋值条件得到满足，即将相应的表达式的值赋给某个目标信号，并不测试下面的赋值条件。换言之，各个子句具有优先级的差别，按照书写的顺序从高到低排列，所以 when_else 各赋值条件可以重叠。

例 4-3：条件信号赋值语句描述 4 选 1 数据选择器。

```
architecture logic of mux4_1 is
begin
    y <=  d0 when (sel = "00") else
          d1 when (sel = "01") else
          d2 when (sel = "10") else
          d3;
end logic;
```

注意事项：

(1) 根据指定条件对信号赋值，条件可以为任意逻辑表达式。

(2) 根据条件出现的先后次序，else 子句有优先权（按优先顺序逐条测试条件）。

(3) 最后一个 else 子句隐含了所有未列出的条件。

(4) 每一子句结尾没有标点，只有最后一句有"；"。

利用 when_else 语句可以方便设计优先级编码器。图 4-3 为一个 8 输入的优先级编码器的元件外观图，其输入为 I7～I0（I7 编码优先级最高），编码输出为 Y2～Y0。

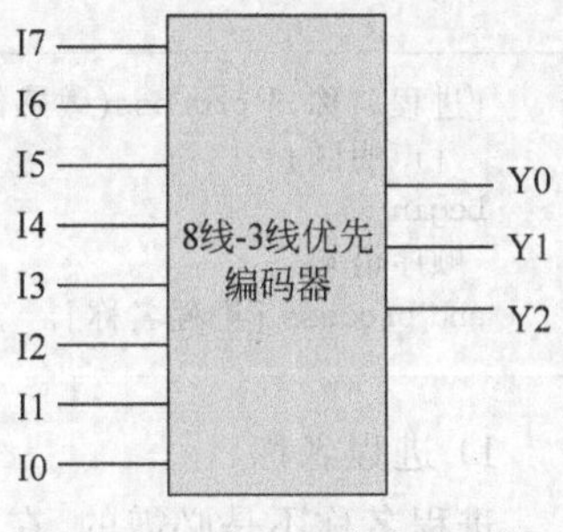

图 4-3　8 线-3 线优先编码器

例 4-4：8 线-3 线优先编码器的 VHDL 程序。

```
library IEEE;
use IEEE.std_logic_1164.all;

entity encoder is
 port (
       i : in std_logic_vector(7 downto 0);
       y : out std_logic_vector( 2 downto 0));
end encoder;

architecture behave1 of encoder is
begin
   y <= "111 " when i(7)  = '1' else
```

```
        "110" when i(6) = '1'else
        "101" when i(5) = '1'else
        "100" when i(4) = '1'else
        "011" when i(3) = '1'else
        "010" when i(2) = '1'else
        "001" when i(1) = '1'else
        "000" when i(0) = '1'else
        "000";
end behave1;
```

4.1.2 进程语句

进程语句(process)是 VHDL 中最重要的语句,具有并行和顺序行为的双重性。

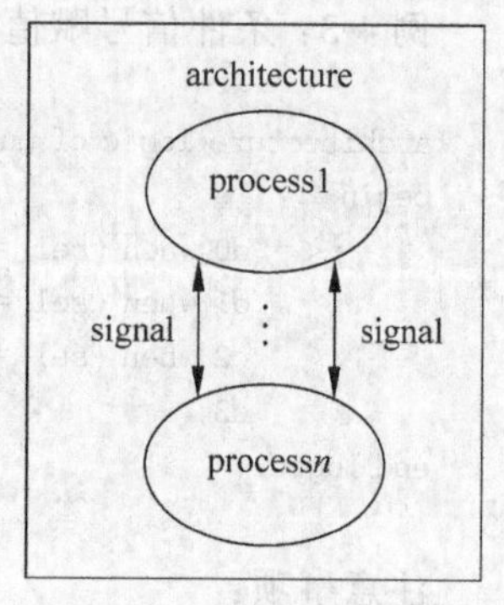

图 4-4 进程语句的结构

1. 进程语句说明

进程语句的结构如图 4-4 所示,具有如下特点:

(1) 一个构造体可以有多个进程语句;

(2) 进程和进程之间是并行的;

(3) 进程和进程之间的数据交换通过信号完成;

(4) 进程内部是一组连续执行的顺序语句。

2. 进程语句基本格式

```
[进程名称:] process(敏感信号 1,敏感信号 2,…)
  [声明区]
begin
  顺序语句
end process [进程名称];
```

1) 进程名称

进程名称不是必需的,在大型的多个进程并存的程序中,可以提高程序的可读性。

2) 敏感信号表

(1) 进程赖以启动的敏感表。对于表中列出的任何信号的改变,都将启动进程,执行进程内相应顺序语句。

(2) 为了使软件仿真与综合后的硬件仿真对应起来,应当将进程中的所有输入信号都列入敏感表中。

3) 声明区

定义一些仅在本进程中起作用的局部变量。

4) 顺序语句

按书写顺序执行的语句,如 if_then_else 和 case 语句。

3. 进程的工作原理

进程的工作原理如图 4-5 所示。

(1) 系统上电,当进程的敏感信号参数表中的任一敏感信号发生变化时,进程被激活,开始从上到下按顺序执行进程中的顺序语句;当最后一条语句执行完毕,进程被挂起,等待下一次敏感信号的变化。从系统上电开始，这个过程循环执行，就像其他软件（如单片机程序）中的死循环。

(2) 虽然进程内部的语句是顺序执行的，但进程和进程之间是并行的关系。

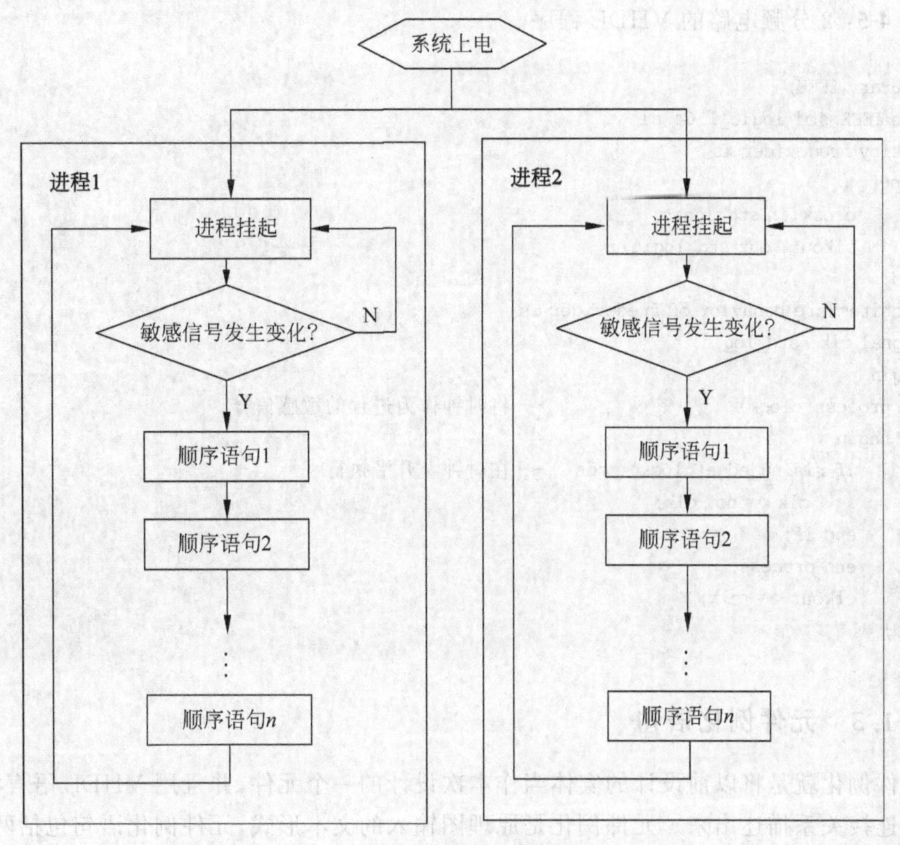

图 4-5 进程的工作原理

4. 进程与时钟

进程最重要的用途是设计时序逻辑电路。

1) 时钟与进程的关系

时钟可以作为敏感信号，用时钟的上升沿或下降沿驱动进程的执行，每次时钟沿可以启动一次进程（执行进程内的所有语句），而不是每个时钟沿执行一条语句。

2) 时钟沿的 VHDL 描述

假设时钟信号为 clock，数据类型为 std_logic，时钟沿的 VHDL 描述方法为：

```
上升沿描述:clock' event and clock = '1'
下降沿描述:clock' event and clock = '0'
```

或者更加直观易懂的方法，用两个预定义的函数来描述时钟沿：

```
上升沿描述:rising_edge(clock)
下降沿描述:falling_edge(clock)
```

5. 进程实例

进程的使用十分灵活，既可以描述时序逻辑电路，又可以描述组合逻辑电路。这里给出既简单又具有代表性的进程实例：2分频电路。

例 4-5：2分频电路的VHDL程序。

```
library IEEE;
use IEEE.std_logic_1164.all;
entity fredevider is
  port (
      clock:in std_logic;
      clkout: out std_logic);
end;
architecture behavior of fredevider is
signal clk: std_logic;
begin
   process(clock)                    --将时钟作为进程的敏感信号
   begin
      if rising_edge(clock) then   --在时钟上升沿执行
          clk <= not clk;
      end if;
      end process;
      clkout <= clk;
end;
```

4.1.3 元件例化语句

元件例化就是将以前设计的实体当作本次设计的一个元件，并且用VHDL语言将元件之间的连接关系描述出来。元件例化是原理图输入的文本形式，元件例化语句包括两部分。

(1) 元件定义：将现有的实体定义为本设计的元件。

(2) 元件映射：在结构体begin和end之间描述元件的连接关系。

元件例化语句语法格式为：

```
component  元件名  [is]
           [generic(类属表); ]
           port (端口声明);
end component  [元件名];
     --元件定义
例化名称: 元件名称
        port map ([ 端口名称  => ] 连接端口, … );
    --元件映射
```

应用元件例化语句描述全加器，由半加器和或门构成的全加器设计实现。

例 4-6：底层设计或门VHDL描述。

```
library IEEE;
use IEEE.std_logic_1164.all;
```

```
entity or2a is
    port (a,b:in std_logic;
            c:out std_logic);
end or2a;
architecture one of or2a is
begin
        c <= a or b;
end one;
```

例 4-7：底层设计半加器 VHDL 描述。

```
library IEEE;
use IEEE.std_logic_1164.all;
entity h_adder1 is
    port (a,b:in std_logic;
          co,so:out std_logic);
end h_adder1;
architecture fh1 of h_adder1 is
begin
        so <= a xor b;
        co <= a and b;
end fh1;
```

例 4-8：顶层设计全加器。

由半加器和或门构成的全加器连接图如图 4-6 所示。

```
library IEEE;
use IEEE.std_logic_1164.all;
entity f_adder is
    port (ain,bin,cin:in std_logic;
            cout,sum :out std_logic);
    end entity f_adder;
architecture fd1 of f_adder is
    component h_adder1              --调用半加器声明语句
        port(a,b: in std_logic;
            co,so:out std_logic);
    end component;
    component or2a                  --调用或门声明语句
        port(a,b: in std_logic;
              c:out std_logic);
    end component;
     signal d,e,f:std_logic;        --定义 3 个信号为内部连接
begin
        u1 : h_adder port map(a => ain, b => bin, co => d, so => e); --例化语句
        u2 : h_adder port map(a => e, b => cin, co => f, so => sum);
        u3 : or2a port map(a => d, b => f, c => cout);
end fd1;
```

全加器仿真图如图 4-7 所示。

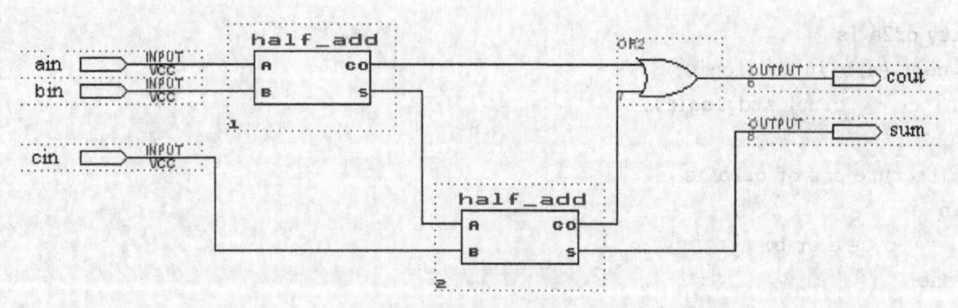

图 4-6 由半加器和或门构成的全加器连接图

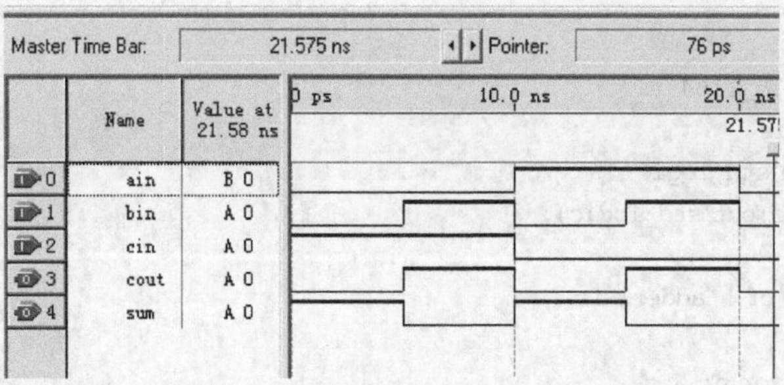

图 4-7 全加器仿真图

4.2 顺序语句

顺序语句(Sequential Statements)的特点是每一条顺序语句的执行(指仿真执行)顺序是与它们的书写顺序基本一致的。顺序语句只能出现在进程(process)、函数(funcation)和过程(procedure)中。虽然进程本身属于并行语句,但一个进程是由一系列顺序语句构成的。

顺序语句体现设计人员的思路:现象的因果关系、局部与整体的关系。仿真是严格按照书写的先后顺序执行的,用来实现模型的算法部分。但是,综合后的硬件逻辑行为不一定具有和顺序语句相同的顺序性。

VHDL 中主要的顺序语句包括顺序赋值语句、流程控制语句、等待语句、子程序调用语句、返回语句、空操作语句。

4.2.1 赋值语句

赋值语句包括信号赋值语句和变量赋值语句。信号赋值语句在进程与子程序之外是并行语句,在进程与子程序之内则为顺序语句。变量赋值语句只存在于进程与子程序中。信号赋值和变量赋值在 2.4 节已经介绍,这里不再赘述。

4.2.2 流程控制语句

流程控制语句主要有以下 4 种:

(1) if 语句;

(2) case 语句；

(3) loop 循环语句；

(4) 空操作语句。

1. if 语句语法格式

if 语句主要有如下 3 种格式。

if 语句语法格式 1：

```
if 条件句 then
    顺序语句
end if
```

if 语句语法格式 2：

```
if 条件句 then
    顺序语句
else
  顺序语句
end if;
```

if 语句语法格式 3：

```
if 条件句 then
    顺序语句
  elsif 条件句 then
    顺序语句
        ⋮
  else
    顺序语句
end if;
```

格式 1：判断条件式是否成立。若条件式成立，则执行 then 与 end if 之间的顺序语句；若条件式不成立，则跳过不执行，if 语句结束。该语句为不完整条件语句，如果条件不成立，电路保持原来的值不变。该语句描述了时序电路的保持功能，因此常用来描述时序电路。

格式 2：判断条件式是否成立。若条件式成立，则执行 then 与 end if 之间的顺序语句；若条件式不成立，则执行 else 与 end if 之间的顺序语句。该语句为完整条件语句，常用来描述组合电路。

格式 3：自上而下逐一判断条件式是否成立。若条件式成立，则执行相应的顺序语句，并不再判断其他条件式，直接结束 if 语句的执行。无论有多少 elsif，最后只有一条 end if 结束。其执行流程与 when-else 相似，用于具有优先级的条件判断，如果判断条件无优先级，建议采用 case 语句。

注意：

(1) if 语句可以嵌套，但层数不宜过多。嵌套条件句的 end if 应该与 if 的数量相对应。

(2) if 语句描述组合电路时，务必覆盖所有的情况；否则会引入锁存器。

例 4-9：if 语句描述 2 选 1 数据选择器电路，如图 4-8 所示。

```
architecture rtl of mux2 is
  begin
     process(a, b, sel)
     begin
        if (sel = '1') then
            y <= a;
        else
            y <= b;
        end if;
     end process;
  end rtl;
```

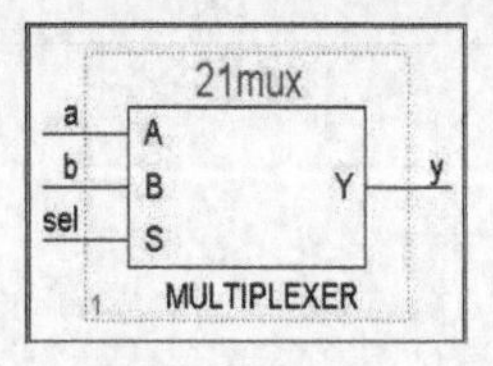

图 4-8　2 选 1 数据选择器电路

例 4-10：if 语句描述 4 选 1 数据选择电路。

```
architecture logic of mux4_1 is
begin
mux4_1: process (d0, d1, d2, d3, sel)
    begin
        if sel = "00" then y <= a;
        elsif sel = "01" then y <= b;
        elsif sel = "10" then y <= c;
        else y <= d;
        end if;
    end process mux4_1;
end logic;
```

if_then_elsif 语句中隐含了优先级别的判断，最先出现的条件优先级最高，可用于设计具有优先级的电路，如 8 线-3 线优先级编码器。

例 4-11：if_then_elsif 语句描述的 8 线-3 线优先级编码器。

```
library IEEE;
 use IEEE.std_logic_1164.all;
 entity coder is
     port(input: in std_logic_vector(7 downto 0);
     output: out std_logic_vector(2 downto 0));
 end coder;
architecture art of coder is
 begin
```

```
process(input)
begin
    if input(7) = '0' then
        output <= "000";
    elsif input(6) = '0' then
            output <= "001";
      elsif input(5) = '0' then
            output <= "010";
      elsif input(4) = '0' then
             output <= "011";
       if input(3) = '0' then
            output <= "100";
       elsif input(2) = '0' then
            output <= "101";
        elsif input(1) = '0' then
             output <= "110";
        else output <= "111";
end if;
end process;
end;
```

2. case 语句的基本格式

case 语句是根据满足的条件直接选择多项顺序语句中的一项执行，语法格式为：

```
case 表达式 is
when value_1 => 顺序语句;
when value_2 => 顺序语句;
…
when others  =>顺序语句;
end case;
```

case 语句说明：

(1) when 条件句中的选择值必在表达式的取值范围内。

(2) 除非所有条件句中的选择值能完整覆盖 case 语句中表达式的取值，否则最末一个条件句中的选择必须用 others 表示。

(3) case 语句中每一个条件句的选择值只能出现一次，不能有相同选择值的条件语句出现。

(4) case 语句执行中必须选中，且只能选中所列条件语句中的一条。

例 4-12：case 语句描述的 4 选 1 数据选择器。

```
library IEEE;
use IEEE.std_logic_1164.all;
use IEEE.std_logic_arith.all;
use IEEE.std_logic_unsigned.all;
entity mux4_1 is
port(sel: in std_logic_vector(1 downto 0);
     d0,d1, d2, d3:in std_logic;
```

```
     y: out std_logic);
end mux4_1;
architecture example of mux4_1 is
begin
     process (sel, d0, d1, d2, d3)
     begin
        case sel is
           when "00"  => y <=  d0;
           when "01"  => y <=  d1;
           when "10"  => y <=  d2;
           when others  => y <= d3;
        end case;
     end process;
end example;
```

多路分配器的作用是为输入信号选择输出，在计算机和通信设备中往往用于信号的分配。一个 1-8 多路分配器如图 4-9 所示。

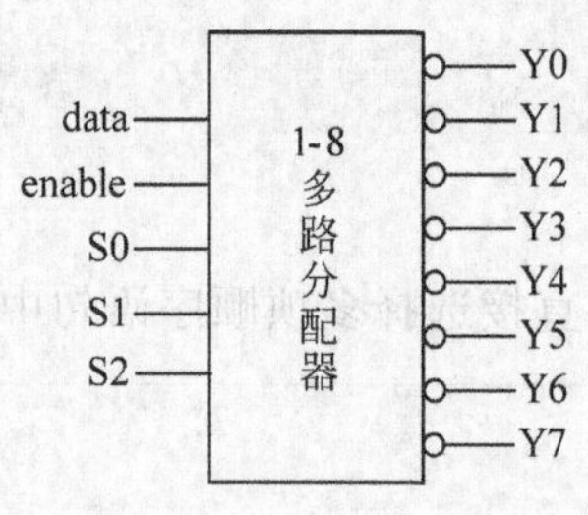

图 4-9　1-8 多路分配器

例 4-13：case 语句描述多路分配器。

```
library IEEE;
use IEEE.std_logic_1164.all;
entity fenpeiqi is
    port ( d : in std_logic;
           s : in std_logic_vector(2 downto 0);
            y : out std_logic_vector(7 downto 0));
end fenpeiqi;
 architecture behavior of fenpeil is
begin
   process (s,d)
     begin
        y <= "00000000";
        case s is
            when"000" => y(0)<= d;
            when"001" => y(1)<= d;
            when"010" => y(2)<= d;
            when"011" => y(3)<= d;
            when"100" => y(4)<= d;
            when"101" => y(5)<= d;
```

```
            when"110" => y(6)<= d;
            when"111" => y(7)<= d;
            when others => null;
        end case;
    end process;
end behavior;
```

3. loop 循环语句

loop 语句是循环语句，常见的格式为 loop_exit 语句、for_loop 语句、while_loop 语句。

(1) 单个 loop 语句，其语法格式如下：

```
[ loop 标号: ] loop
            顺序语句
            end loop [ loop 标号];
```

举例：

```
...
l2 : loop
  a := a+1;
  exit l2 when a > 10; -- 当 a 大于 10 时跳出循环
end loop l2;
       ...
```

(2) for_loop 语句，其语法格式如下：

```
[loop 标号: ] for 循环变量 in 循环次数范围 loop
                  顺序语句
              end loop [loop 标号];
```

for_loop 语句的说明：

① loop 标号不是必需的，可以省略。

② 循环变量是一个临时的变量，仅在 loop 语句中有效，因此不需要事先定义。

③ 循环次数范围，表示循环变量在循环过程中依次取值的范围。主要有两种语法格式："…to…"和"…downto…"。

for 循环语句中的值在每次循环中都将发生变化，而 in 后面的循环次数范围则表示循环变量在循环过程中依次取值的范围。

举例：

```
signal a, b, c : std_logic_vector (1 to 3);
    ...
    for n in 1 to 3 loop
      a(n) <= b(n) and c(n);
    end loop;
```

此段程序等效于顺序执行以下三个信号赋值操作：

```
a(1)<=b(1) and c(1);
a(2)<=b(2) and c(2);
a(3)<=b(3) and c(3);
```

例 4-14：8 位奇偶校验电路。

```
library IEEE;
use IEEE.std_logic_1164.all;
entity p_check is
  port(a: in std_logic_vector(7 downto 0);
        y: out std_logic);
end p_check;
architecture behave of p_check is
begin
process(a)
      variable temp : std_logic;
  begin
    tmp: = '0';
    for n in 0 to 7 loop
      tmp: = tmp xor a(n);
    end loop;
    y <= tmp;
  end process;
end behave;
```

此段程序等效为：

```
process(a)
  variable temp : std_logic;
begin
  temp := '0';
  temp := temp xor a(0);
  temp := temp xor a(1);
              ⋮
  temp := temp xor a(7);
  y <= temp;
end process;
```

此程序实现了 8 个 1 位数据的异或运算，即：

$$Y=a(0)\oplus a(1)\oplus a(2)\oplus a(3)\oplus a(4)\oplus a(5)\oplus a(6)\oplus a(7)$$

程序中定义了变量 temp，先将 temp 赋值为 0，然后执行循环，首次循环 0 xor a(0)的结果不变，依次循环下去，直到 $n=7$ 循环执行结束。因为 temp 为变量，每次循环能得到更新。如果 temp 定义为信号，虽然编译能够通过，但是设计结果错误，因为对信号的赋值是在进程结束时赋值语句才被执行，此例也再次说明了变量与信号的差异。

（3）while_loop 语句，其语法格式如下：

```
[loop 标号: ] while 循环控制条件 loop
                    顺序语句
                end loop [loop 标号];
```

一般的综合工具可以对 for loop 循环语句进行综合；而对 while loop 循环语句来说，只有一些高级的综合工具才能对它进行综合，所以，一般使用 for loop 循环语句，而很少使用 while loop 循环语句。

4. 空操作 null 语句

null 语句不执行任何操作，只是让程序接着往下执行。一般用在 case 语句中，表示在某些情况下不做任何改变，满足了 case 语句对条件选择值必须全部列举的要求。

在下例的 case 语句中，null 用于排除一些不用的条件：

```
case opcode is
        when "001"  => tmp := rega and regb;
        when "101"  => tmp := rega or regb;
        when "110"  => tmp := not rega;
        when others  => null;
    end case;
```

null 语句实质是隐含了锁存信号的意思，因此设计组合逻辑电路时，不要使用 null 语句。

4.3 类属参量

类属参量是一种端口界面常数，用来规定端口的大小、实体中子元件的数目等。与常数不同，常数只能从内部赋值，而类属参量可以由实体外部赋值。在实体中的端口说明语句前面定义类属参量，数据类型通常取 Integer。

1. 参数化元件

所谓“参数化元件”，就是该元件的某些参数是可调的。通过调节这些参数值，可以利用一个实体实现结构相似但功能不同的电路。

例 4-15：参数可调的分频器。

```
library IEEE;
use IEEE.std_logic_1164.all;
use IEEE.std_logic_unsigned.all;
use IEEE.std_logic_arith.all;
entity fdiv is
  generic(n: integer:= 50000);          -- rate = n,n 是偶数
  port(
        clkin: in std_logic;
```

```
          clkout: out std_logic
          );
    end fdiv;
    architecture a of fdiv is
      signal cnt: integer range 0 to n/2 - 1;
      signal temp: std_logic;
      begin
        process(clkin)
        begin
            if(clkin'event and clkin = '1') then
                if(cnt = n/2 - 1) then
                    cnt <= 0;
                    temp <= not temp;
                else
                    cnt <= cnt + 1;
                end if;
            end if;
        end process;
        clkout <= temp;
      end a;
```

2. 类属映射

类属映射用于设计从外部端口改变元件内部参数或结构规模的元件。在元件例化时，必须进行类属映射。

例 4-16：类属映射。

```
library IEEE;
use IEEE.std_logic_1164.all;
entity exn is
port(clk: in std_logic;
     clkout1: out std_logic;
     clkout2: out std_logic
);
end;
architecture structure of exn is
  component fdiv
     generic(n : integer);                          -- generic定义,不必加默认值
        port(clkin: in std_logic;
        clkout: out std_logic
        );
  end component;
begin
  u0: fdiv generic map (n => 2)                     --类属映射语句,2分频
      port map (clkin => clk, clkout => clkout1);
  u1: fdiv generic map (n => 10)                    --类属映射语句,10分频
      port map (clkin => clk, clkout => clkout2);
end structure;
```

4.4　系统层次化设计

层次化设计(Hierarchical Design)广泛应用于数字系统设计中,主要优点包括:

(1) 常用模块单独创建并存储,以后设计直接调用。

(2) 层次化设计,程序可读性高,顶层文件将各个模块整合在一起,系统清晰明了。

(3) 层次设计可使系统设计模块化,便于移植、复用。

(4) 层次设计可使系统设计周期更短,更易实现。

层次化设计示意图如图 4-10 所示。层次化设计的思想主要有两方面:一是模块化设计,二是元件重用。

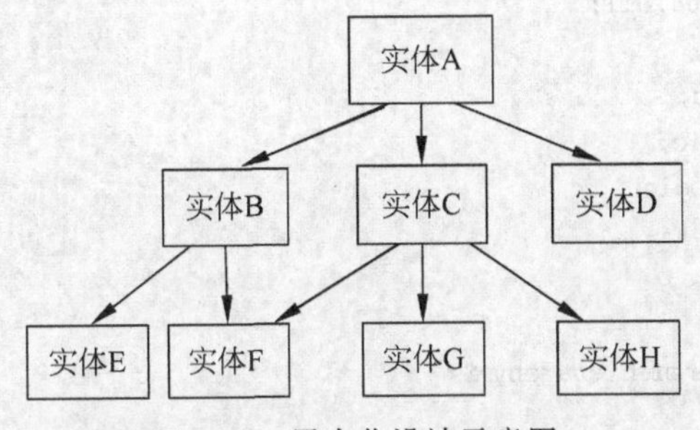

图 4-10　层次化设计示意图

1. 模块化

一个大系统分为几个子模块,子模块又可分为更小的模块,也正是自上而下的设计方法。每一个模块可以用一个实体描述。

2. 元件重用

同一个元件可以被不同的设计实体调用,也可以被同一个实体多次调用,大大减轻设计者的工作量。

4.4.1　元件例化法实现层次化设计

元件例化可以将设计的实体当作本次设计的一个元件,并且用 VHDL 语言将元件之间的连接关系描述出来。通过元件重用实现系统层次化设计。

例如:假设系统时钟为 200kHz,系统其他模块的时钟有 100kHz 和 20kHz,并且在这两个时钟中选择一个作为输出,那么如何从系统时钟(200kHz)产生其他频率的时钟信号呢?

时钟选择电路框图如图 4-11 所示。

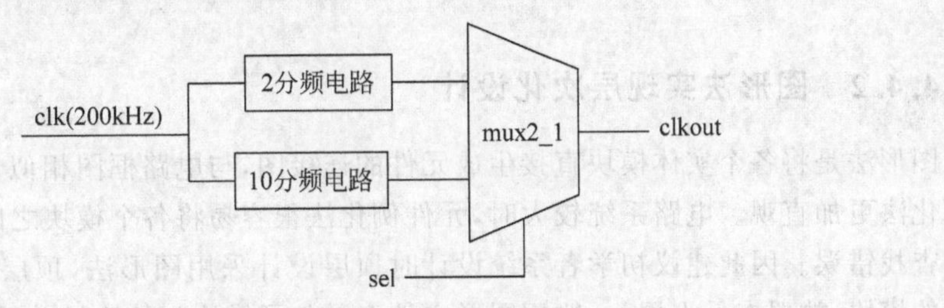

图 4-11　时钟选择电路框图

前面已经设计过参数可调的电路和二选一数据选择器，它们的实体名及输入/输出端口如表 4-1 所示。

表 4-1 图 4-11 电路子模块实体名及输入/输出端口

电路	实体名	输入端口	输出端口
分频电路	fdiv	clkin	clkout
二选一数据选择器	mux2	a,b,sel	y

元件例化语句实现时钟选择电路图 4-11，请注意元件例化语句的位置及其使用方法。

例 4-17：元件例化语句实现时钟选择电路图 4-11。

```
library IEEE;
use IEEE.std_logic_1164.all;
entity hierarchy is
port(clk: in std_logic;
      sel: in std_logic;
    clkout: out std_logic
);
end;

architecture structure of hierarchy is
  component fdiv
        generic(n: integer)
        port(clkin: in std_logic;
        clkout: out std_logic
        );
  end component fdiv;
  component mux2
        port(a,b,sel: in std_logic;
        y: out std_logic
        );
  end component mux2;
signal clk1,clk2: std_logic;
begin
  u1: fdiv generic map (n=>2)
     port map (clkin=>clk, clkout =>clk1);
  u2: fdiv generic map (n=>10)
     port map (clkin=>clk, clkout =>clk2);
  u3: mux2 port map (a=>clk1, b =>clk2,sel=>sel,y=>clkout);
end structure;
```

4.4.2 图形法实现层次化设计

图形法是将各个实体模块直接生成元件的连接图，与电路框图相似，所以图形连接比元件例化法更加直观。电路系统较大时，元件例化法很容易将各个模块之间的连线搞混，也不利于查找错误。因此建议初学者系统设计时顶层设计采用图形法，顶层设计是描述系统总功能的模块，放置在最上层，一般用图形文件表示各子模块间的连接关系和芯片内部逻辑与引脚的接口关系；底层设计是描述系统最基本功能的模块，放置在最下层，底层设计一般用HDL语言描述各子模块的逻辑功能。

本书中数字系统的底层设计采用VHDL语言描述。顶层设计采用原理图实现不同模块的连接。

模块的层次划分应遵循的原则如下：

(1) 各模块结构层次简单清晰；

(2) 各模块功能独立；

(3) 模块间数据传输简单；

(4) 便于测试。

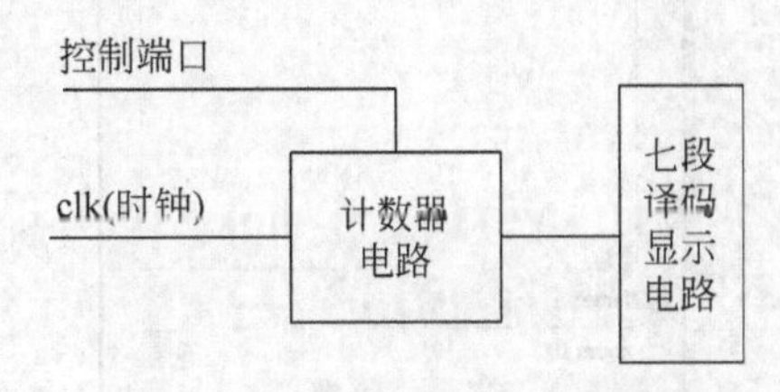

图 4-12 计数译码显示电路框图

例 4-18：常用计数译码显示电路的设计，电路框图如图 4-12 所示。

根据上述原则，计数译码显示电路层次划分为 2 个模块：计数器、七段译码显示电路。顶层文件如图 4-13 所示。

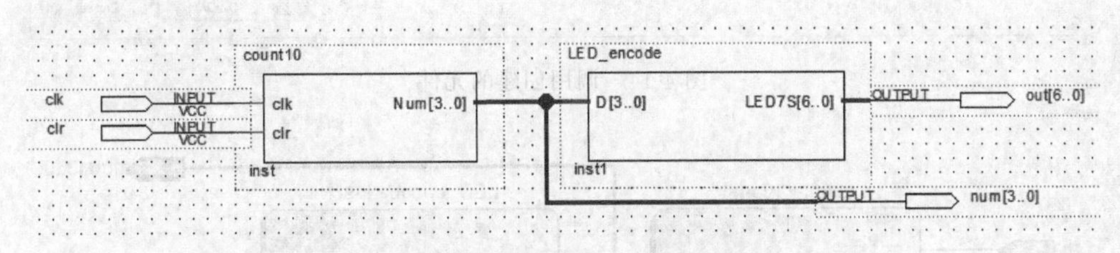

图 4-13 计数译码显示顶层文件

1. 生成元件符号

每一个模块VHDL语言设计(见第5章)完成后，如果没有语法错误等，就可以为模块实体生成一个以实体名命名的元件符号。生成元件符号很简单，在Quartus中选择File→Create/update→Create Symbol File For Current File生成元件。这样在顶层图形编辑器中就可以调用这个元件了。

如果设计实体修改后，必须更新元件符号，需要重新生成元件符号，覆盖掉原来的Symbol文件，元件符号就得到了更新。

2. 调用元件符号

双击图形编辑器窗口的空白处，出现如图 4-14 所示的窗口，单击 Project 下的文件，选择创建的元件。元件库的目录选择用户工作目录。

3. 定义输入/输出端口与连线

完成定义输入/输出端口与连线。为引脚命名的方法是：在引脚的PIN-NAME处双击鼠标左键，然后输入指定的名字即可。绘制完成后，进行保存。注意：文件名不能与之前的vhdl文本文件相同。

4. 编译

选中绘制图形文件，然后执行菜单命令Project→Set as Top-Level Entity。再启动编译器，完成编译后，弹出菜单报告错误和警告数目，并生成编译报告。

最后可以通过RTL Viewer查看综合后生成的寄存器传输级结构，如图 4-15 所示。

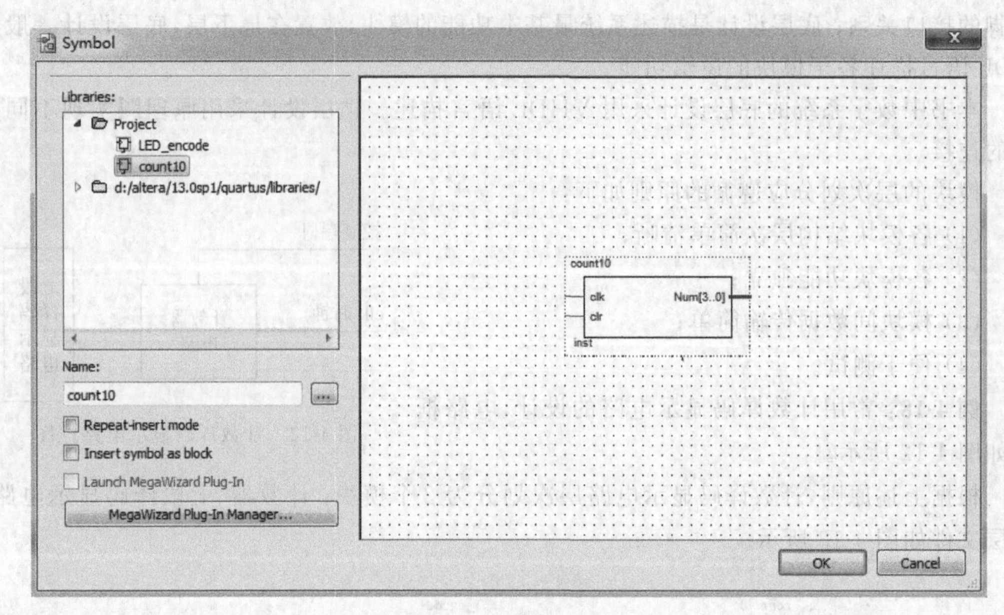

图 4-14　调用创建的元件

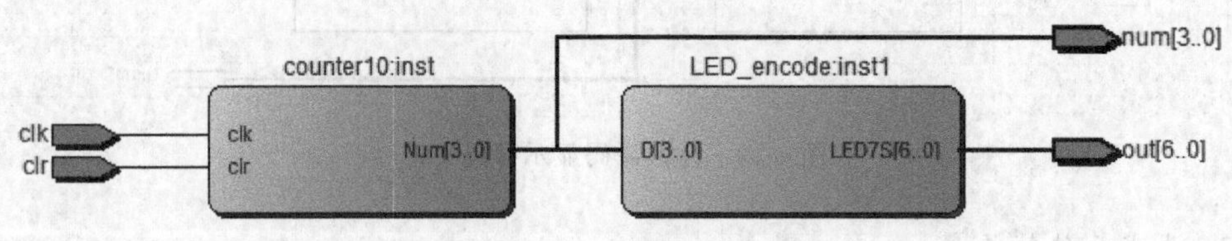

图 4-15　寄存器传输级结构图

5. 时序仿真

对工程编译通过后，必须对其功能和时序性质进行仿真测试，以了解设计结果是否满足原设计要求。仿真结果如图 4-16 所示。

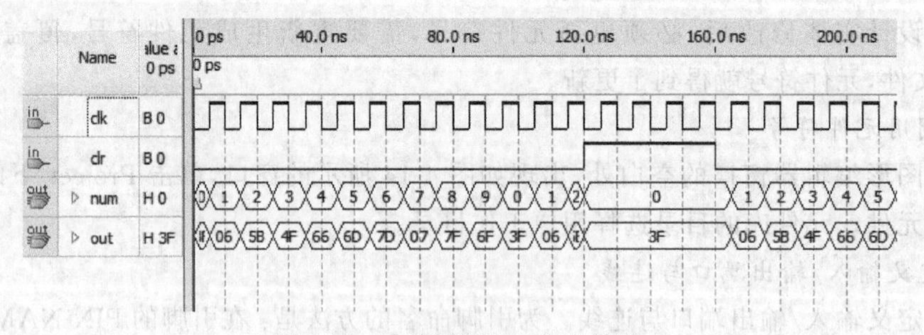

图 4-16　计数译码显示仿真结果

第5章

典型电路的VHDL设计

前面各章介绍了 VHDL 语言的基本的结构、语句及语法，同时介绍了常用的设计软件 Quartus Ⅱ的基本操作，也接触了一些利用 VHDL 语言设计硬件电路的基本方法。本章重点介绍利用 VHDL 语言进行一些典型电路的设计，包括常用的组合逻辑电路、计数器电路、各种形式的分频电路、LED 显示电路、LCD 显示电路、键盘扫描电路以及常用的三态缓冲器和总线缓冲器等接口电路的设计。

5.1 组合逻辑电路的设计

组合逻辑电路的特点：在组合电路中，任意时刻的输出信号仅取决于该时刻的输入信号，与信号作用前电路原来的状态无关。组合逻辑表示形式包括逻辑函数式、逻辑图、真值表。下面分别介绍用 VHDL 描述各种表示形式的组合逻辑电路。

1. 逻辑函数式使用直接赋值语句实现

例 5-1：全加器的 VHDL 描述。

全加器的逻辑函数式：

$$S = A \oplus B \oplus C$$
$$CY = AB + AC + BC$$

```
library IEEE;
entity fullAdder is
port(A,B,C: in std_logic;
    CY : out std_logic;
    S : out std_logic);
end fulladder;
architecture a of fullAdder is
begin
S <=  A xor B xor C;
```

```
  CY <= (A and B) or (A and C) or (B and C);
end a;
```

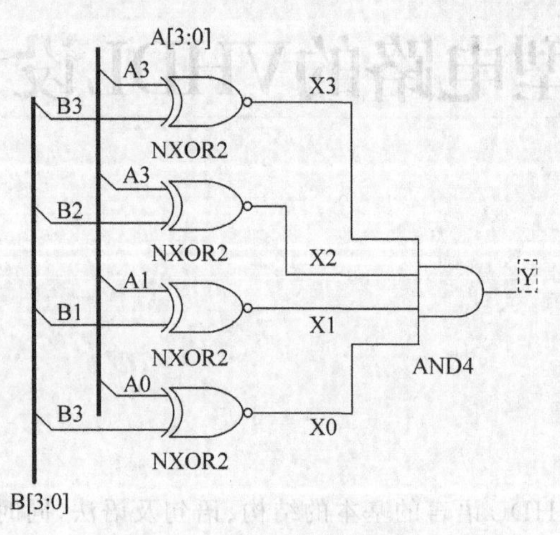

图 5-1 一个组合逻辑电路图

2. 逻辑图使用元件例化语句、生成语句实现

例 5-2：图 5-1 逻辑图的 VHDL 描述。

```
architecture A of eqcomp4 is
 component and4
 port (A, B, C, D: instd_logic;
       Y: out std_logic);
 end component;
 component xnor2
 port (M, N :in std_logic;
    P :out std_logic );
 end component;
 signal X: std_logic_vector(3 to 0);
begin
   U0: xnor2 port map (A(0),B(0),X(0));
   U1: xnor2 port map (A(1),B(1),X(1));
   U2: xnor2 port map (A(2),B(2),X(2));
   U3: xnor2 port map (A(3),B(3),X(3));
   U4: and4  port map (X(0),X(1),X(2),X(3), Y );
end A;
```

3. 真值表使用 with…select 语句或 case…when 语句或 when…else 语句设计实现

1）编码器

编码器是能够完成编码功能的电路。其功能是把 2^N 个分离的信息输入代码转化为 N 位二进制编码输出。目前使用的编码器有普通编码器和优先编码器两类。

编码器常常用于影音压缩或通信方面，可以达到精简传输量的目的。如常见的键盘里就有大家天天打交道的编码器，当你敲击按键时，被敲击的按键被键盘里的编码器编码成计算机能够识别的 ASCII 码。

例如，常见的8线-3线编码器输入I7～I0八路信号，输出是Y2、Y1、Y0三位二进制代码。EN是控制输入端，当EN=1时，编码器工作；当EN=0时，编码器输出“000”。8线-3线编码器的真值表如表5-1所示。

表5-1　8线-3线编码器真值表

输入信号									输出信号		
EN	I7	I6	I5	I4	I3	I2	I1	I0	Y2	Y1	Y0
0	X	X	X	X	X	X	X	X	0	0	0
1	0	0	0	0	0	0	0	1	0	0	0
1	0	0	0	0	0	0	1	0	0	0	1
1	0	0	0	0	0	1	0	0	0	1	0
1	0	0	0	0	1	0	0	0	0	1	1
1	0	0	0	1	0	0	0	0	1	0	0
1	0	0	1	0	0	0	0	0	1	0	1
1	0	1	0	0	0	0	0	0	1	1	0
1	1	0	0	0	0	0	0	0	1	1	1

例5-3：8线-3线编码器的VHDL程序。

```
library IEEE;
use IEEE.std_logic_1164.all;
use IEEE.std_logic_arith.all;
use IEEE.std_logic_unsigned.all;

entity coder is
  port (
      I : in std_logic_vector(7 downto 0);
      EN : in std_logic;
      Y : out std_logic_vector( 2 downto 0));
end coder;

architecture a of coder is
signal sel: std_logic_vector(8 downto 0);
begin
  sel <= EN & I;                        -- 将EN,I7,I6,…,I0合并以简化程序
process (I,EN)
    begin
case sel is
when "110000000" => Y <= "111";
when "101000000" => Y <= "110";
when "100100000" => Y <= "101";
when "100010000" => Y <= "100";
when "100001000" => Y <="011";
when "100000100" => Y <= "010";
when "100000010" => Y <="001";
when "100000001" => Y <="000";
when others => Y <= "000";             -- 包含EN=0的情况
end a;
```

其仿真图如图5-2所示。

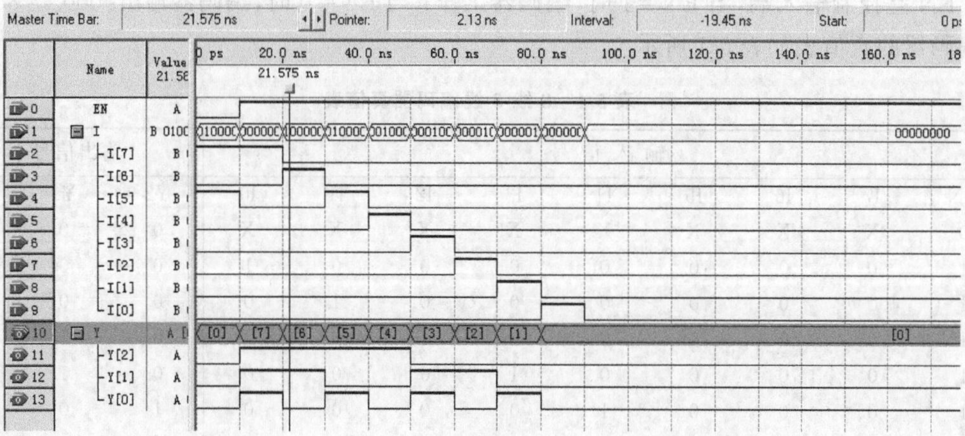

图5-2 编码器仿真图

2）译码器

译码器是实现译码功能的数字电路。其逻辑功能是将输入的每个代码分别译成高电平（或低电平）。实现微机系统中存储器或输入/输出接口芯片的地址译码是译码器的一个典型用途。

例如，常见的3线-8线译码器，输入为A2A1A0三位二进制代码，输出Y7～Y0八个输出信号，EN是控制输入端，当EN=1时，译码器工作；当EN=0时，译码器输出全部是特定电平，本例为低电平。其真值表如表5-2所示。

表5-2 3线-8线译码器真值表

输入信号				输出信号							
EN	A2	A1	A0	Y7	Y6	Y5	Y4	Y3	Y2	Y1	Y0
0	X	X	X	0	0	0	0	0	0	0	0
1	0	0	0	0	0	0	0	0	0	0	1
1	0	0	1	0	0	0	0	0	0	1	0
1	0	1	0	0	0	0	0	0	1	0	0
1	0	1	1	0	1	0	0	1	0	0	0
1	1	0	0	1	0	0	1	0	0	0	0
1	1	0	1	0	0	1	0	0	0	0	0
1	1	1	0	0	1	0	0	0	0	0	0
1	1	1	1	1	0	0	0	0	0	0	0

例5-4：3线-8线译码器的VHDL程序。

```
library IEEE;
use IEEE.std_logic_1164.all;
use IEEE.std_logic_arith.all;
use IEEE.std_logic_unsigned.all;

entity encoder is
```

```
    port (
        A: in std_logic_vector( 2 downto 0);
        EN: in std_logic;
        Y: out std_logic_vector( 7 downto 0));
end encoder;

architecture a of encoder is
signal sel: std_logic_vector( 3 downto 0);
begin
sel <= EN & A;                          -- 将 EN、A2、A1、A0 合并以简化程序
with  sel  select
    Y <= "00000001" when "1000",
         "00000010" when "1001",
         "00000100" when "1010",
         "00001000" when "1011",
         "00010000" when "1100",
         "00100000" when "1101",
         "01000000" when "1110",
         "10000000" when "1111",
         "00000000" when others;    -- 包含 EN = 0 的情况
end a;
```

注意：“&”是并置运算符，实现将多个信号合并成总线形式。

```
sel(3) <= EN;
sel(2) <= A(2);
sel(1) <= A(1);
sel(0) <= A(0);
```

其仿真图如图 5-3 所示。

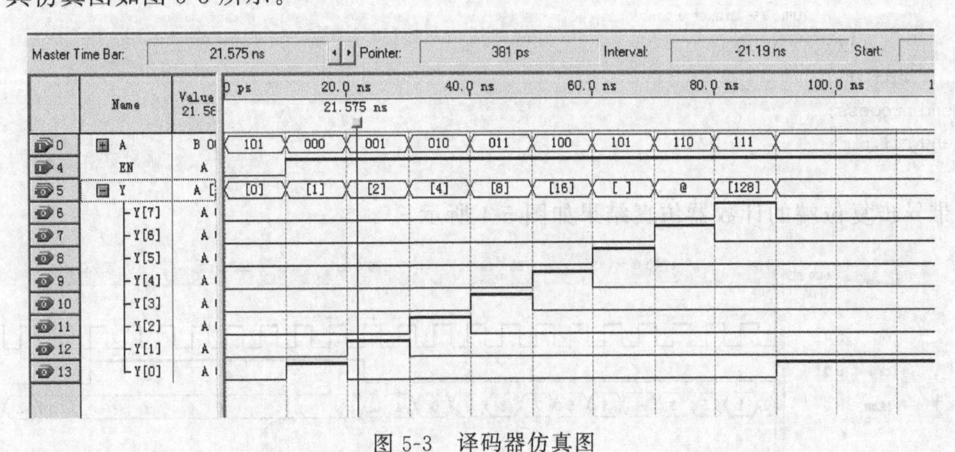

图 5-3　译码器仿真图

5.2　计数器的 VHDL 设计

计数器是在数字系统中使用最多的时序电路，不仅能用于对时钟脉冲计数，还可以用于分频、定时，产生节拍脉冲和脉冲序列，以及进行数字运算等。计数器的原理：采用几个触

发器的状态，按照一定规律随时钟变化记忆时钟的个数。一个计数器所能记忆时钟脉冲的最大数目称为计数器的模。计数器根据不同的分类依据，可以分为同步计数器、异步计数器，或者分为加法计数器、减法计数器和可逆计数器。

5.2.1 同步加法计数器

带异步复位端的同步加法计数器如例 5-5 所示，clk 是时钟输入端，上升沿有效；clr 是异步清零控制端，高电平有效；当 clr=1 时，允许计数器计数清零；Num 为计数值。

例 5-5：带异步复位端的计数器。

```
library IEEE;
use IEEE.std_logic_1164.all;
use IEEE.std_logic_unsigned.all;
entity counter is
     port (clk, clr: in std_logic;
num:buffer integer range 0 to 9);
end counter;
architecture rtl of counter is
begin
process(clr,clk)
begin
    if (clr = '1') then    -- 异步复位
       num <= 0;
    elsif  rising_edge(clk) then
  if num = 9 then
           num <= 0;
        else
             num <= num + 1;
     end if;
    end if;
end process;
end rtl;
```

带异步复位端的计数器仿真结果如图 5-4 所示。

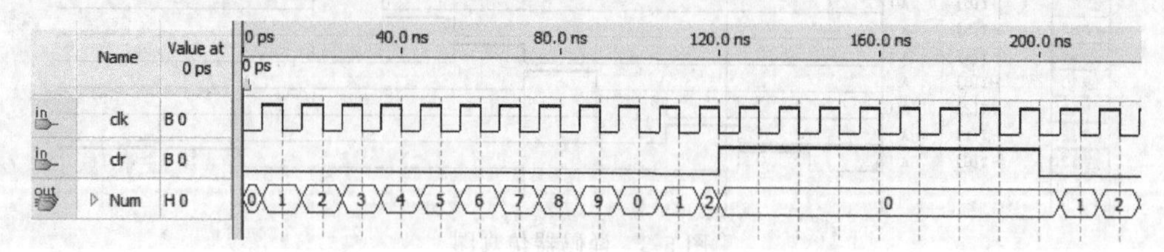

图 5-4 例 5-5 的仿真波形

5.2.2 同步可逆计数器

同步可逆计数器可以用加法计数也可以用减法计数方式。例 5-6 中，用一个控制信号 updn 来控制计数器的计数方式，当 updn=1 时，计数器实现加法计数；updn=0 时，计数器实现减法计数功能。clr 信号为异步清零控制端，高电平有效。

例 5-6：可逆计数器(加减计数器)。

```
library IEEE;
use IEEE.std_logic_1164.all;
use IEEE.std_logic_unsigned.all;
    port (clk,clr,updn: in std_logic;
                 qa,qb,qc,qd,qe,qf: out std_logic);
end updncount64;
architecture rtl of updncount64 is
    signal count_6: std_logic_vector(5 downto 0 );
begin
      qa <= count_6(0);
      qb <= count_6(1);
      qc <= count_6(2);
      qd <= count_6(3);
      qe <= count_6(4);
      qf <= count_6(5);
process(clr,clk)
begin
    if (clr = '0') then
       count_6 <= "000000";
    elsif (clk'event and clk = '1') then
        if (updn = '1' ) then
           count_6 <= count_6 + 1;
        else
            count_6 <= count_6 - 1;
         end if;
     end if;
end process;
end rtl;
```

可逆计数器仿真结果如图 5-5 所示。

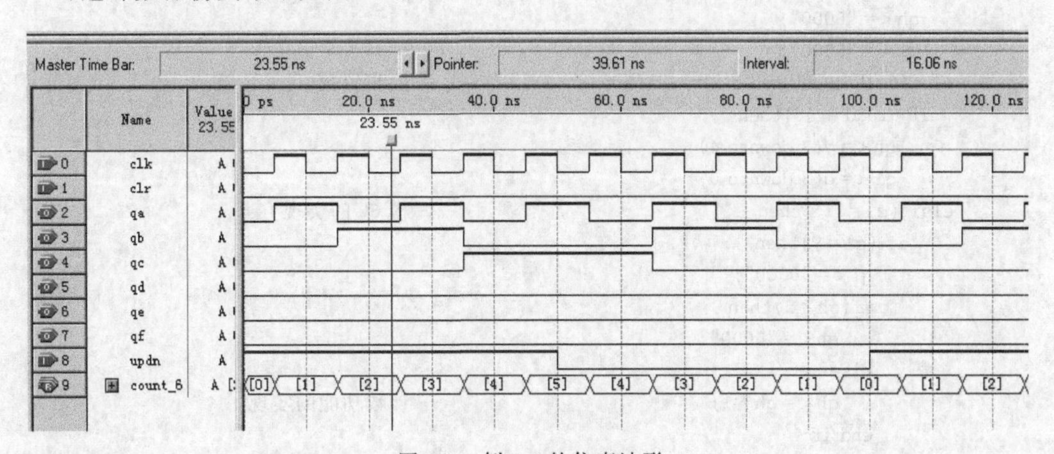

图 5-5　例 5-6 的仿真波形

5.2.3 同步六十进制加法计数器

在数字系统中，常常用BCD码来表示十进制数，即用4位二进制码表示1位十进制数，用8位二进制码表示2位十进制数。在时间计数电路中常用作秒和分计数。

例5-7同步六十进制加法计数器中，ci为计数控制端，ci＝1时，计数器开始计数；nreset为异步复位控制端，nreset＝0时，计数器复位为零；load为置数控制端，load＝1时，同步置数；d为待预置的数；clk为时钟信号，上升沿有效；co为进位输出端；qh为输出端的高4位；ql为输出端的低4位。

例5-7：用VHDL设计一个模为60，具有异步复位、同步置数功能的BCD码计数器。

```
library IEEE;
use IEEE.std_logic_1164.all;
use IEEE.std_logic_unsigned.all;

entity cnt60 is
 port(ci:in std_logic;                                   -- 计数控制
        nreset:in std_logic;                             -- 异步复位控制
        load:in std_logic;                               -- 置数控制
        d:in std_logic_vector(7 downto 0);               -- 待预置的数
        clk:in std_logic;
        co:out std_logic;                                -- 进位输出
        qh:buffer std_logic_vector(3 downto 0);          -- 输出高4位
        ql:buffer std_logic_vector(3 downto 0));         -- 输出低4位
end entity cnt60;
architecture art of cnt60 is
  begin
  co<='1'when(qh="0101"and ql="1001"and ci='1')else'0';
   --进位输出的产生
  process(clk,nreset) is
    begin
if (nreset='0')then                                      -- 异步复位
       qh<="0000";
       ql<="0000";
    elsif(clk'event and clk='1')then                     -- 同步置数
      if (load='1')then
         qh<=d(7 downto 4);
         ql<=d(3 downto 0);
    elsif(ci='1')then                                    -- 模60的实现
        if (ql=9)then
           ql<="0000";
           if(qh=5)then
              qh<="0000";
           else
              qh<=qh+1;                                  -- 计数功能的实现
           end if;
    else
           ql<=ql+1;
```

```
            end if;
         end if;
      end if;
   end process;
end architecture art;
```

其仿真波形如图 5-6 所示。

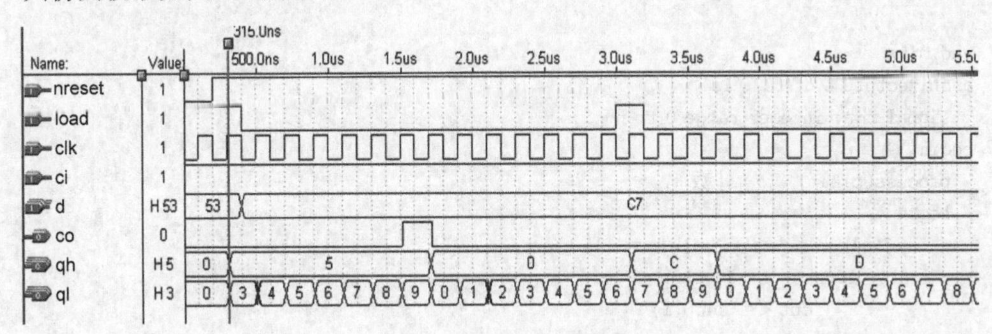

图 5-6　例 5-7 的仿真波形

5.3　分频器的 VHDL 设计

5.3.1　分频器的原理

所谓分频电路，就是将一个给定的频率较高的数字输入信号，经过适当的处理后，产生一个或数个频率较低的数字输出信号。分频电路本质上是加法计数器的变种，其计数值由分频系数 rate$=f_{in}/f_{out}$ 决定，其输出不是一般计数器的计数结果，而是根据分频常数对输出信号的高、低电平进行控制。

分频系数（倍率）：rate$=f_{in}/f_{out}$，即输出的信号频率如果是输入信号频率的 1/2，称为 2 分频率；1/3，称为 3 分频；$1/n$，称为 n 分频。

占空比（DUTY CYCLE），占空比在电信领域中有如下含义：在一串理想的脉冲序列中（如方波），正脉冲的持续时间与脉冲总周期的比值。例如，正脉冲宽度 1ms，信号周期 4ms 的脉冲序列占空比为 0.25 或者为 1∶4。

常见的分频器有偶数分频器、奇数分频器。

5.3.2　偶数分频器的设计

分频系数 rate＝even（偶数），占空比为 50％。

设计原理：定义一个计数器对输入时钟进行计数，在计数的前一半时间里，输出高电平，在计数的后一半时间里，输出低电平，这样输出的信号就是占空比为 50％的偶数分频信号。例如，6 分频，计数值为 0～2 输出高电平，计数值为 3～5 输出低电平。

例 5-8：偶数分频器的 VHDL 源程序。

```
library IEEE;
use IEEE.std_logic_1164.all;
```

```
use IEEE.std_logic_unsigned.all;
use IEEE.std_logic_arith.all;
entity fdiv is
  generic(n: integer: = 6);          -- rate = n,n 是偶数
  port(
        clkin: in std_logic;
        clkout: out std_logic
        );
end fdiv;
architecture a of fdiv is
  signal cnt: integer range 0 to n - 1;
begin
  process(clkin)   -- 计数
  begin
      if(clkin'event and clkin = '1') then
          if(cnt < n - 1) then
              cnt <=  cnt + 1;
          else
              cnt <=  0;
          end if;
      end if;
  end process;

  process(cnt)   -- 根据计数值,控制输出时钟脉冲的高、低电平
  begin
      if(cnt < n/2) then
          clkout <=  '1';
      else
          clkout <=  '0';
      end if;
  end process;
end a;
```

当然也可以用一个进程实现偶数分频器,可以使程序更简洁。

例 5-9:常用的偶数分频器的 VHDL 程序。

```
library IEEE;
use IEEE.std_logic_1164.all;
use IEEE.std_logic_unsigned.all;
use IEEE.std_logic_arith.all;
entity fdiv is
  generic(n: integer: = 6);          -- rate = n,n 是偶数
  port(
        clkin: in std_logic;
        clkout: out std_logic
        );
end fdiv;
architecture a of fdiv is
  signal cnt: integer range 0 to n/2 - 1;
```

```
  signal temp: std_logic;
begin
  process(clkin)
  begin
      if(clkin'event and clkin = '1') then
          if(cnt = n/2 - 1) then
              cnt <= 0;
              temp <= not temp;
          else
              cnt <= cnt + 1;
          end if;
      end if;
  end process;
  clkout <= temp;
end a;
```

其仿真波形如图 5-7 所示。

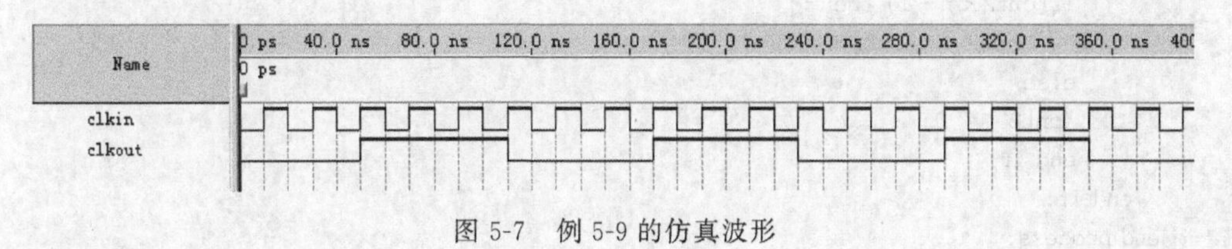

图 5-7　例 5-9 的仿真波形

说明：

(1) 从波形图可以看到，clkout 是 clkin 的 6 分频。

(2) 如果要产生其他分频，直接修改 generic 类属变量参数即可。

5.3.3　奇数分频器的设计

分频系数 rate=odd(奇数)，占空比为 50%。

设计原理：错位法。定义两个计数器，分别对输入时钟的上升沿和下降沿进行计数，然后把这两个计数值输入一个组合逻辑，用其控制输出时钟的电平。这是因为计数值为奇数，占空比为 50%，前半个和后半个周期所包含的不是整数个 clkin 的周期。例如，5 分频，前半个周期包含 2.5 个 clkin 周期，后半个周期包含 2.5 个 clkin 周期。

例 5-10：奇数分频器的 VHDL 源程序。

```
library IEEE;
use IEEE.std_logic_1164.all;
use IEEE.std_logic_unsigned.all;
use IEEE.std_logic_arith.all;
entity fdiv is
  generic(n: integer: = 5);                    -- rate = n, n 是奇数
  port(
        clkin: in std_logic;
        clkout: out std_logic
        );
```

```
end fdiv;
architecture a of fdiv is
  signal cnt1, cnt2: integer range 0 to n-1;
begin
  process(clkin)
  begin
      if(clkin'event and clkin='1') then   -- 上升沿计数
          if(cnt1<n-1) then
              cnt1 <= cnt1+1;
          else
           cnt1 <= 0;
        end if;
      end if;
  end process;
  process(clkin)
  begin
    if(clkin'event and clkin='0') then   -- 下降沿计数
        if(cnt2<n-1) then
            cnt2 <= cnt2+1;
        else
         cnt2 <= 0;
        end if;
    end if;
  end process;
    clkout <= '1' when cnt1<(n-1)/2 or cnt2<(n-1)/2 else '0';
end a;
```

其仿真波形如图 5-8 所示。

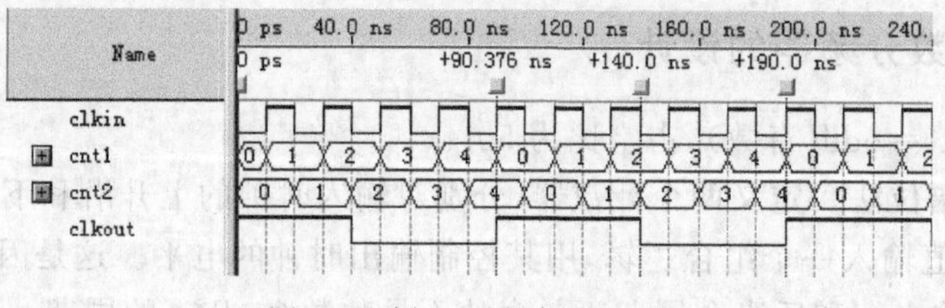

图 5-8　例 5-10 的仿真波形

从波形图可以看到，clkout 是 clkin 的 5 分频。如果要产生其他分频，直接修改 generic 类属变量参数即可。

5.3.4　占空比可调的分频器的设计

分频比为 n，占空比可调的分频器设计，要求占空比为 $m:n$，$m<n$。

设计原理：定义一个计数器，对输入时钟脉冲进行计数，根据计数值判断输出高电平还是低电平。例如，占空比为 3:10 的偶数分频器，当计数值为 0～2 时，输出高电平；当计数值为 3～9 时，输出低电平。

例 5-11：占空比可调的分频器设计，clkin 为输入信号，clkout 为输出信号，其占空比为 $m:n$，分频比为 n，VHDL 语言描述的程序如下。

```
library IEEE;
use IEEE.std_logic_1164.all;
use IEEE.std_logic_unsigned.all;
use IEEE.std_logic_arith.all;
entity fdiv is
  generic(
        n: integer: = 10;
        m: integer: = 3              -- 占空比 m:n,rate = n
        );
  port(
       clkin: in std_logic;
       clkout: out std_logic
       );
end fdiv;

architecture a of fdiv is
  signal cnt: integer range 0 to n - 1;
begin
  process(clkin)
  begin
      if(clkin'event and clkin = '1') then
        if(cnt < n - 1) then
              cnt <=  cnt + 1;
          else
              cnt <=  0;
          end if;
      end if;
  end process;
    clkout <=  '1' when cnt < m else '0';
end a;
```

其仿真图如图5-9所示。

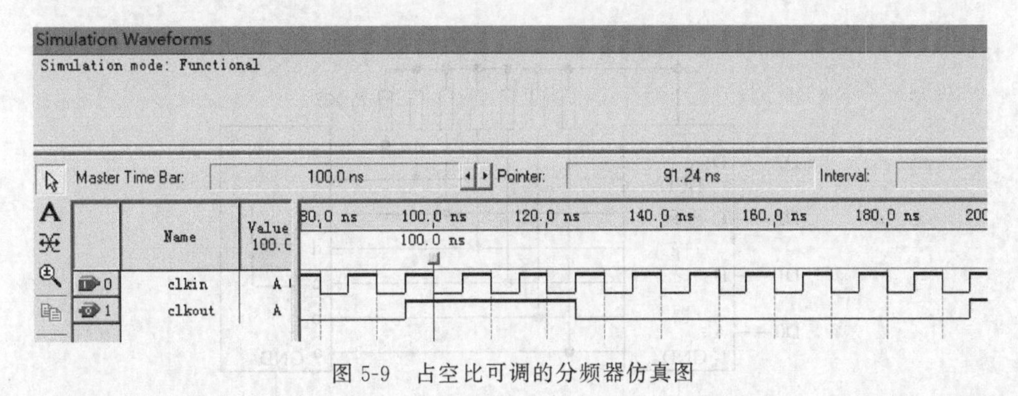

图5-9　占空比可调的分频器仿真图

从波形图可以看到，clkout是clkin的10分频，且占空比为3:10。如果要产生其他分频，直接修改generic类属变量参数即可。

5.4 数码管显示电路 VHDL 设计

译码器除了应用在地址总线进行地址选址和芯片的选通控制外，还可以用作显示译码，将 4 位 BCD 码转换成七段码输出，以便在数码管上显示。七段显示译码器是对一个 4 位二进制数进行译码，并在七段数码管上显示出相应的十进制数或十六进制数。

5.4.1 七段数码管显示译码器

七段数码管有共阳极、共阴极之分。图 5-10(a)是共阴极七段数码管的原理图，图 5-10(b)是其表示符号。使用时，数码管公共阴极接地，7 个阳极 a～g 由相应的 BCD 七段译码器来驱动(控制)。

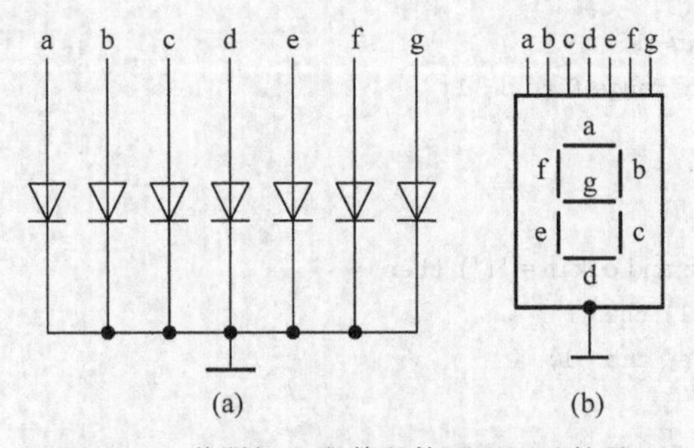

图 5-10 共阴极七段数码管原理图及符号

以输出并显示 BCD 码(十进制码)为例，数码管显示电路分为两个部分，一个是七段译码部分，将 4 位二进制码转换为 BCD 码；另一个是显示驱动部分，实现数码管的驱动。如图 5-11 所示，BCD 七段译码器的输入是一位 BCD 码(以 D、C、B、A 表示)，输出是数码管各段的驱动信号(以 a～g 表示)，也称 4 线-7 线译码器。如果用它驱动共阴极七段数码管，则输出应为高有效，即输出为高(1)时，相应显示段发光。每个相应的显示段也称为段选端或

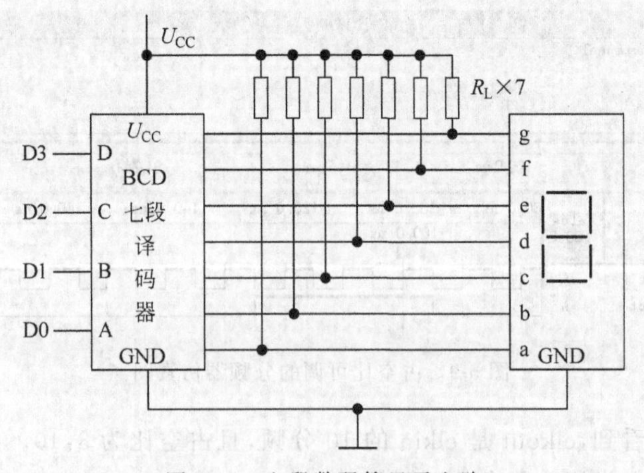

图 5-11 七段数码管显示电路

段选信号。例如，当输入 8421 码 DCBA＝0100 时，应显示的数据为 4，即要求同时点亮 b、c、f、g 段，熄灭 a、d、e 段，则译码器的输出应为 g～a＝1100110，这也是一组代码，常称为段码。同理，根据组成 0～9 这 10 个字形的要求可以列出 8421BCD 七段译码器的真值表，见表 5-3。

表 5-3　七段数码管显示译码电路的真值表

D3	D2	D1	D0	a	b	c	d	e	f	g	显示数字
0	0	0	0	1	1	1	1	1	1	0	**0**
0	0	0	1	0	1	1	0	0	0	0	**1**
0	0	1	0	1	1	0	1	1	0	1	**2**
0	0	1	1	1	1	1	1	0	0	1	**3**
0	1	0	0	0	1	1	0	0	1	1	**4**
0	1	0	1	1	0	1	1	0	1	1	**5**
0	1	1	0	1	0	1	1	1	1	1	**6**
0	1	1	1	1	1	1	0	0	0	0	**7**
1	0	0	0	1	1	1	1	1	1	1	**8**
1	0	0	1	1	1	1	1	0	1	1	**9**

例 5-12：七段数码管显示译码器 VHDL 描述。

```
library IEEE;
use IEEE.std_logic_1164.all;
use IEEE.std_logic_unsigned.all;
use IEEE.std_logic_arith.all;

entity led_encode is
port
(d: in std_logic_vector(3 downto 0);
led7s: out std_logic_vector(6 downto 0));
end led_encode;

architecture one of led_encode is
begin
  process( d )
  begin
   case  d  is
   when "0000"  =>  led7s <=  "0111111";
   when "0001"  =>  led7s <=  "0000110";
   when "0010"  =>  led7s <=  "1011011";
   when "0011"  =>  led7s <=  "1001111";
   when "0100"  =>  led7s <=  "1100110";
   when "0101"  =>  led7s <=  "1101101";
   when "0110"  =>  led7s <=  "1111101";
   when "0111"  =>  led7s <=  "0000111";
   when "1000"  =>  led7s <=  "1111111";
   when "1001"  =>  led7s <=  "1101111";
   when others   =>  led7s <=  "0000000";
  end case;
  end process;
end one;
```

其仿真图如图 5-12 所示。

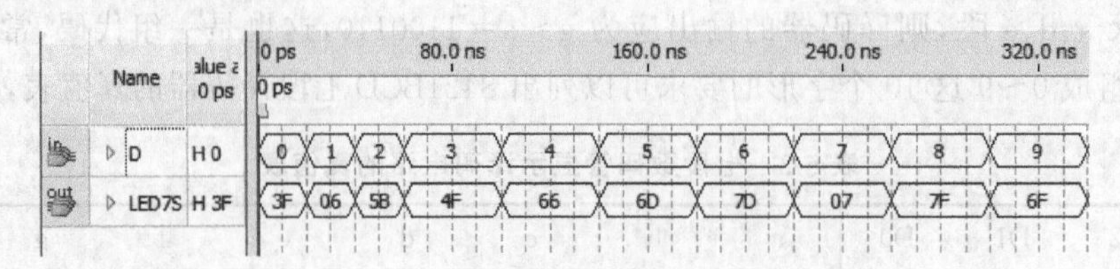

图 5-12　七段数码管显示译码电路仿真图

5.4.2　数码管静态显示

多位七段数码管可以显示多位十进制(或十六进制)数字,数码管显示分为静态显示和动态显示。静态显示同时显示各个字符,位码始终有效,显示内容完全与数据线上的值一致。静态驱动的优点是编程简单,缺点是占用硬件资源 I/O 较多。8 个数码管静态显示需要 8×8=64 根 I/O 端口来驱动,并且增加相应的驱动电路,这样就增加了电路的复杂度。其原理图如图 5-13 所示。由于静态显示编程比较简单,所以这里不做详细介绍。

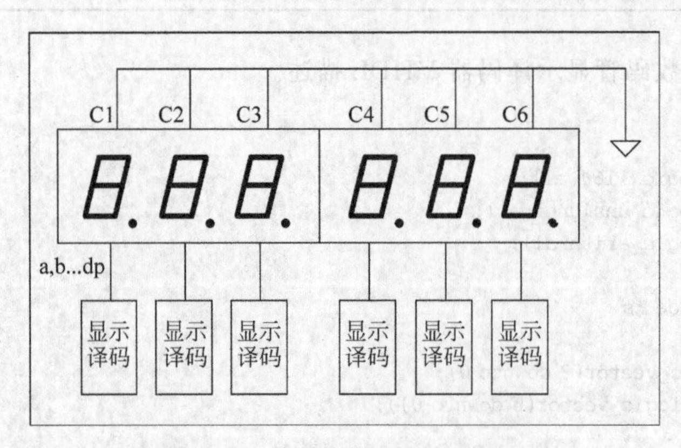

图 5-13　数码管静态显示原理图

5.4.3　数码管动态显示

动态显示是轮流显示各个字符。利用人眼视觉暂留的特点,循环顺序变更位码,同时数据线上发送相对应的显示内容。在设计多位七段数码管显示驱动电路时,为了简化硬件电路,通常将所有位的各个相同段选线对应并接在一起,形成段选线的多路复用。而各位数码管的共阳极或共阴极分别由各自独立的位选信号控制,顺序循环地选通(即点亮)每位数码管,这样的数码管驱动方式就称为"动态扫描"。在这种方式中,虽然每一短暂时间段只选通一位数码管,但由于人眼具有一定的视觉残留,只要延时时间设置恰当,实际感觉到的会是多位数码管同时被点亮。数码管动态显示及位码顺序脉冲如图 5-14 所示。

FPGA 实现动态显示接口电路如图 5-15 所示。其中段选线(a~g,dp)占用 8 位 I/O 口,位选线(Y0~Y7)占用 8 位 I/O 口。由于各位的段选线并联,段选码的输出对各位来说都是相同的。因此,同一时刻,如果各位位选线都处于选通状态,8 位 LED 将显示相同的字符。若要各位 LED 能够显示出与本位相对应的字符,就必须采用扫描显示方式,即在某一位的位选线处于选通状态时,其他各位的位选线处于关闭状态,这样,8 位 LED 中只有选通

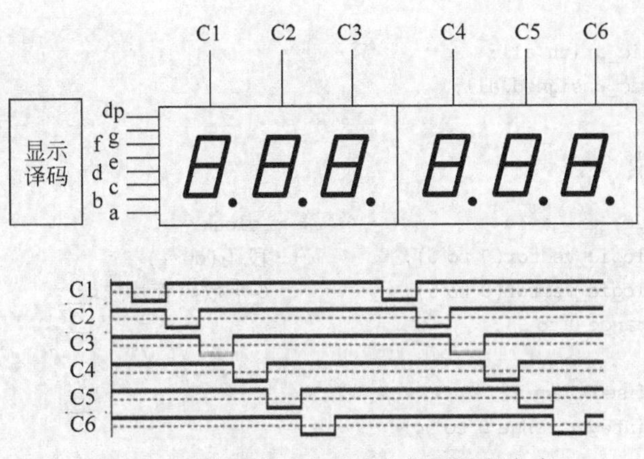

图 5-14 数码管动态显示及位码顺序脉冲

的那一位显示出字符，而其他位则是熄灭的。同样，在下一时刻，只让下一位的位选线处于选通状态，而其他的位选线处于关闭状态。如此循环下去，就可以使各位“同时”显示出将要显示的字符。由于人眼有视觉暂留现象，只要每位显示间隔足够短，则可造成多位同时亮的“景”象，达到完整显示的目的。

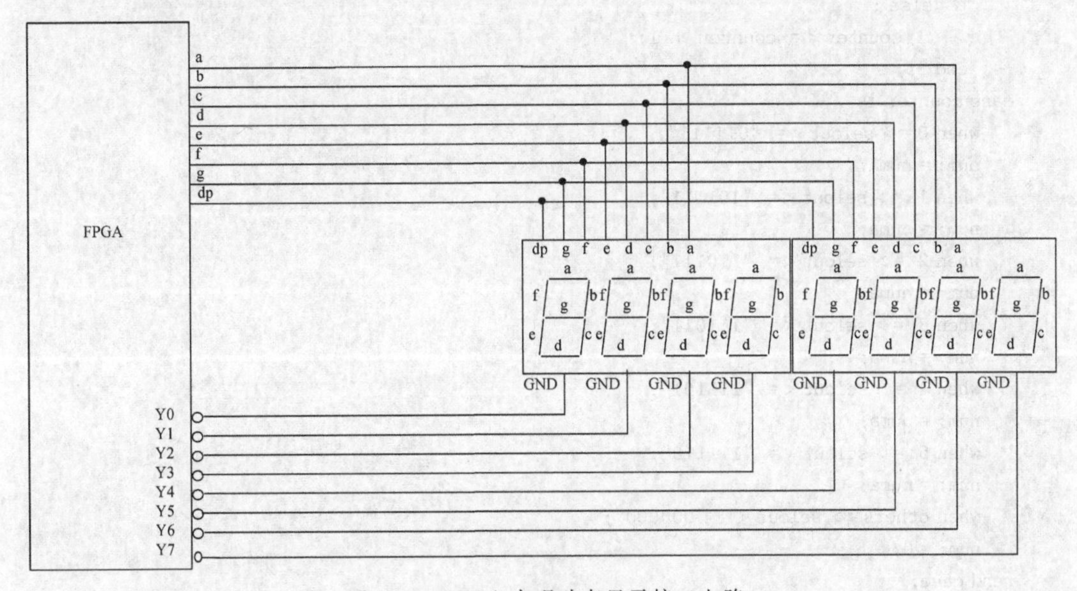

图 5-15 FPGA 实现动态显示接口电路

动态显示 VHDL 设计要点：

(1) 位选信号应为八进制计数器的状态输出；

(2) 八进制计数器计数脉冲的周期是位选信号的负脉冲的宽度；

(3) 位选信号脉冲的频率应大于 50Hz；

(4) 每位预显示内容应与位选信号同步。

例 5-13：七段数码管动态显示 VHDL 程序。

```
library IEEE;
use IEEE.std_logic_1164.all;
```

```
use IEEE.std_logic_arith.all;
use IEEE.std_logic_unsigned.all;

entity seg7_dsp is
port
(clk: in std_logic;                              -- clock
segout: out std_logic_vector(0 to 6);            --段码(dp…)
selout: out std_logic_vector(0 to 5);            --6个数码管片选端
numa:in integer range 0 to 9);
end seg7_dsp;
architecture a of seg7_dsp is
signal counter: integer range 0 to 5;
begin
    process (clk)                                -- 计数器计数
    variable num: integer range 0 to 9;
         begin
    if rising_edge(clk) then
      if counter = 5 then
        counter <= 0;
      else
        counter <= counter + 1;
    end if;
case counter is
   when 0 => selout <= "011111";
   num: = numa;
   when 1  => selout <= "101111";
   num: = numa;
   when 2  => selout <= "110111";
   num: = numa;
   when 3  => selout <= "111011";
   num: = numa;
   when 4  => selout <= "111101";
   num: = numa;
   when 5  => selout <= "111110";
   num: = numa;
   when others => selout <= "000000";
   num: = 0;
 end case;
case  num  is
   when 0 => segout <= "0111111";
   when 1 => segout <= "0000110";
   when 2 => segout <= "1011011";
   when 3 => segout <= "1001111";
   when 4 => segout <= "1100110";
   when 5 => segout <= "1101101";
   when 6 => segout <= "1111101";
   when 7 => segout <= "0000111";
   when 8 => segout <= "1111111";
   when 9 => segout <= "1101111";
   when others  => segout <= "0000000";
```

```
end case;
  end if;
  end process;
end;
```

5.5 键盘接口电路的 VHDL 设计

在电子系统中，按键以及键盘是常见的输入装置。例如，按键产生的单脉冲信号作计数脉冲驱动计数器，用数字键盘置数，或用加、减按键置数。在应用设计中，常用的键盘输入电路有独立式键盘输入电路、矩阵式键盘输入电路。独立式键盘输入电路的最大优点是键盘电路结构简单；其缺点是当键数较多时，要占用较多的 I/O 口线。

5.5.1 独立式键盘

独立式键盘十分简单，如图 5-16 所示，按键的一端通过上拉电阻接至 Vcc，一端接 FPGA 的 I/O 口。当按键按下时，此端口为高电平，通过检测 I/O 口的电平就可知该按键是否被按下。其优点是电路结构简单、易行，连接方便；但是由于每个按键要占用 1 个 I/O 口，在系统需要很多按键时，使用这种方法显然会占用大量的 I/O 口，如果所选的芯片 I/O 口数量有限还要进行扩展或是分时复用，增加了整个电路设计的复杂性。

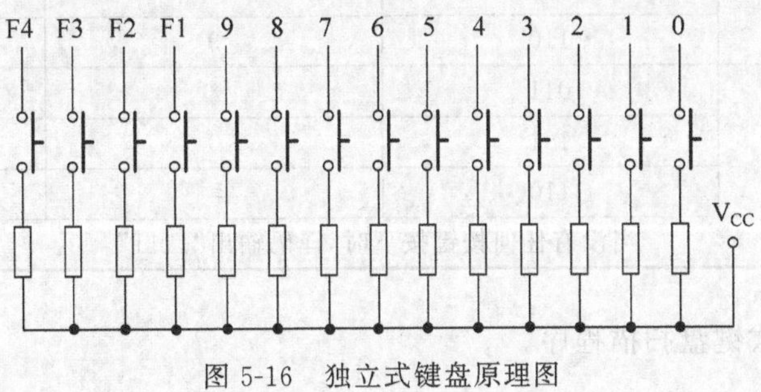

图 5-16 独立式键盘原理图

5.5.2 矩阵式键盘

矩阵式键盘控制比独立式按键要复杂一些，但其优点是节省了 I/O 口。假设矩阵式键盘有 n 行 m 列，则键盘上的按键数目有 $n\times m$ 个，然而这样连接的键盘只需要占用 $n+m$ 个 I/O 口。当设计的系统需要很多按键时，用矩阵式键盘显然比独立式按键要更合理，更节约资源。矩阵式键盘是由若干个按键排列成长方阵而成，如图 5-17 所示。

矩阵键盘工作原理是键盘扫描信号在扫描输出端 KX3、KX2、KX1、KX0 输出的 4 位扫描信号的变化顺序依次为 1110→1101→1011→0111→1110…；当扫描信号为 1110 时，就扫描 KY0 这一排按键，并检查是否有键按下，没有则忽略；反之，进行按键译码，并将译码结果保存在寄存器中。也就是说，当一个按键的行线为 0 时，如果这个键被按下，则列线读到的值为 0，否则为 1。

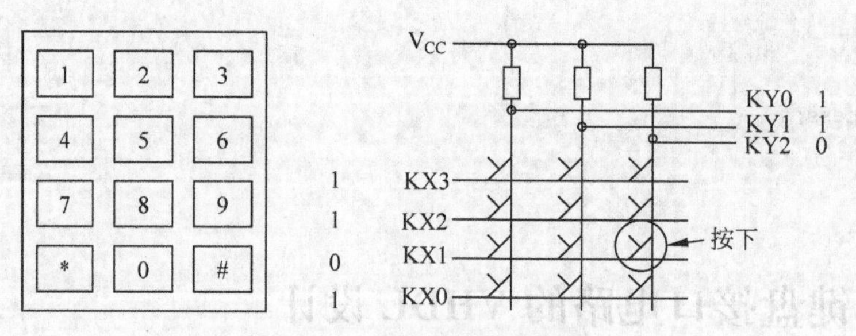

图 5-17 矩阵式键盘原理图

表 5-4 行、列码与按键的对应关系

扫描位置 行码 KX3～KX0	键盘输出 列码 KY2～KY0	对应的按键	按键功能
1110	011	1	数字输入
	101	2	数字输入
	110	3	数字输入
1101	011	4	数字输入
	101	5	数字输入
	110	6	数字输入
1011	011	7	数字输入
	101	8	数字输入
	110	9	数字输入
0111	011	*	清除输入
	101	0	数字输入
	110	#	确认输入
当没有任何按键按下时，译码输出“1111”			

例 5-14：矩阵式键盘扫描程序。

```
library IEEE;
use IEEE.std_logic_1164.all;
use IEEE.std_logic_arith.all;
use IEEE.std_logic_unsigned.all;

entity keyboard is
  port
(clk : in std_logic;                          -- 扫描时钟频率不宜过高,1kHz 以下
kin : in std_logic_vector(0 to 2);            -- 读入列码
scansignal : out std_logic_vector(0 to 3);    -- 输出行码(扫描信号)
num : out integer range 0 to 12               -- 输出键值
);
end;

architecture scan of keyboard is
```

```
signal scans: std_logic_vector(0 to 7);
signal scn: std_logic_vector(0 to 3);
signal counter: integer range 0 to 3;            -- 计数产生扫描信号
begin
    process (clk)
    begin
        if rising_edge(clk) then
             if counter = 3 then
            counter <=  0;
           else
        counter <=  counter + 1;
        end if;
      case counter is                             -- 产生扫描信号
    when 0 => scn <=  "1110";
    when 1 => scn <=  "1101";
    when 2 => scn <=  "1011";
    when 3 => scn <=  "0111";
   end case;
        end if;
   end process;
        process (clk)
        begin
            if falling_edge(clk) then           -- 上升沿产生扫描信号,下降沿读入列码
            case scans is
            when "1110011"  => num <=  0;
            when "1110101"  => num <=  1;
            when "1110110"  => num <=  2;
            when "1101011"  => num <=  3;
            when "1101101"  => num <=  4;
            when "1101110"  => num <=  5;
            when "1011011"  => num <=  6;
            when "1011101"  => num <= 7;
            when "1011110"  => num <=  8;
            when "0111011"  => num <=  9;
            when "0111101"  => num <=  10;
            when "0111110"  => num <=  11;
            when others => null;
           end case;
            end if;
           end process;

        scans <= scn&kin;
        scansignal <= scn;
        end;
```

4×4 矩阵式键盘的 FPGA 连接图如图 5-18 所示。

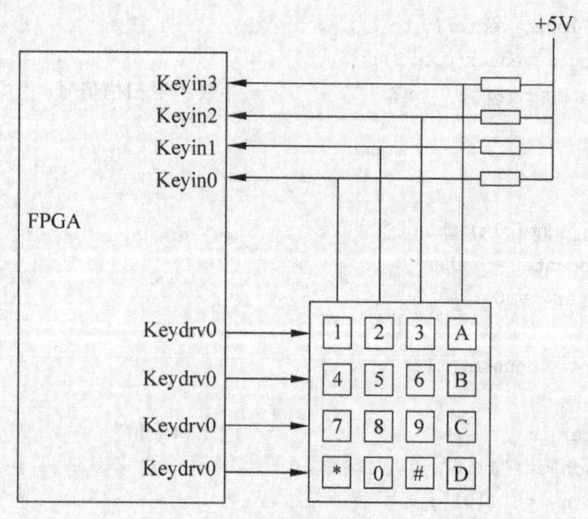

图 5-18 4×4 矩阵式键盘的 FPGA 连接图

5.5.3 键盘的消抖

现在使用的键盘大多是机械式的按键，由于机械式触点触动时的弹性作用，一个按键在闭合及断开的瞬间均伴随有一连串的抖动，如图 5-19 所示。抖动时间的长短由按键的机械特性决定，一般为 5～10ms。

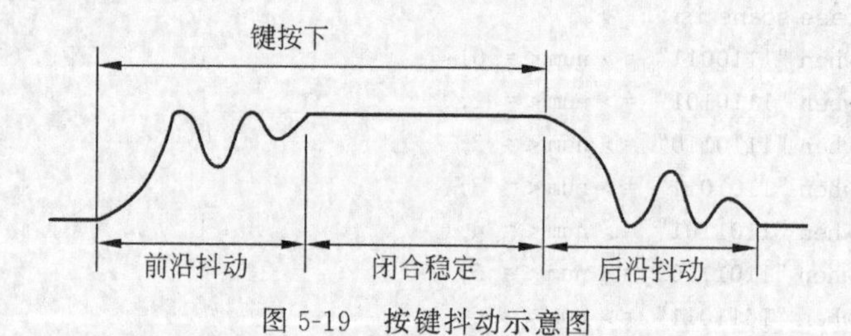

图 5-19 按键抖动示意图

键盘按键按下与释放的瞬间，都会引起输入信号产生毛刺。如果不进行消抖处理，系统会误以为毛刺是另一次输入，导致系统的误操作。最常用、最简单的消抖方法是计数法。其工作原理是对键值进行计数，当计数达到一定值时，延迟约为 10ms，当该按键键值保持一段时间不改变时，才确认它为有效键值；否则将其判为无效值，重新对键值进行计数。

例 5-15：键盘消抖程序。

```
library IEEE;
use IEEE.std_logic_1164.all;

entity antiwrite is
port
(clk : in std_logic;
numin: out integer range 0 to 12;
numout: out integer range 0 to 12
);
```

```
end;

architecture behavior of antiwrite is
signal tempnum: std_logic_vector(0 to 12);
signal counter: integer range 0 to 31;

begin
    process (clk)
    begin
      if rising_edge(clk) then
        tempnum <= 12;                    -- 上电对输出键值赋予无效值
        numout <= 12;
        if numin/ =  tempnum then         -- 上一键值与此键值不同
        tempnum <= numin;                 -- 记录该键值
        counter <= 0;                     -- 计数器清零,准备计时
        else
          if counter = 31 then            -- 键值保持 31 个时钟周期不变时
          numout <= numin;                -- 确认为有效键值,并且输出
          counter <= 0;
          else
          counter <=  counter + 1;
          end if;
        end if;
      end if;
    end process;
  end antiwrite;
```

5.6　三态门和总线缓冲器

在电子系统中,三态缓冲器和总线缓冲器是接口电路和总线驱动电路经常用到的器件。

三态门,是指逻辑门的输出除有高、低电平两种状态外,还有第三种状态——高阻状态的门电路,高阻态相当于隔断状态。三态门又称为三态缓冲器,可以使该电路在有其他电路使用总线时处于高阻态,不驱动共享总线(即避免总线竞争);

总线缓冲器使得该器件接口既可以输入信号,也可以输出信号(即 I/O 接口)。

5.6.1　三态门电路

三态门如图 5-20 所示,有三种可能的输出状态:高电平、低电平和高阻态。在设计中必须把数据定义为 std_logic 或 std_logic_vector 数据类型,才能有高阻态的状态,用大写字母 Z 表示高阻态。三态门主要用在总线结构中。通常三态门有一个输入、一个输出和一个控制端。

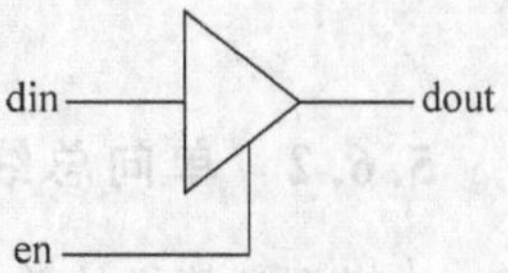

当 en=‘1’时,dout=din;

当 en=‘0’时,dout=‘Z’(高阻)。

din　dout　en

图 5-20　三态门

例 5-16：三态门的描述方法 1。

```
library IEEE;
use IEEE.std_logic_1164.all;
entity tri_gate is
    port (din, en: in std_logic;
                  dout: out std_logic);
end tri_gate;
architecture zas of tri_gate is
begin
tri_gate1: process (din, en)
    begin
        if (en) = '1' then
            dout <= din;
        else
            dout <= 'Z';   -- 注意'Z'要大写
        end if;
    end process;
    end zas;
```

例 5-17：三态门的描述方法 2。

```
library IEEE;
use IEEE.std_logic_1164.all;
entity tri_gate is
    port (din, en: in std_logic;
                  dout: out std_logic);
end tri_gate;
architecture zas of tri_gate is
begin
tri_gate2:
    begin
        dout <= din when en = '1' else 'Z';   -- 用并行信号赋值
    end zas;
```

其仿真图如图 5-21 所示。

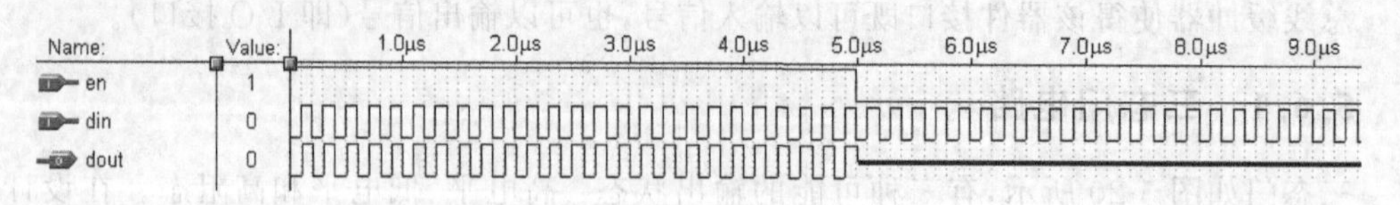

图 5-21　三态门仿真图

5.6.2　单向总线缓冲器

在微型计算机的总线驱动中经常要用到单向总线驱动器，由多个三态门组成，用来驱动地址总线和控制总线，如图 5-22 所示。

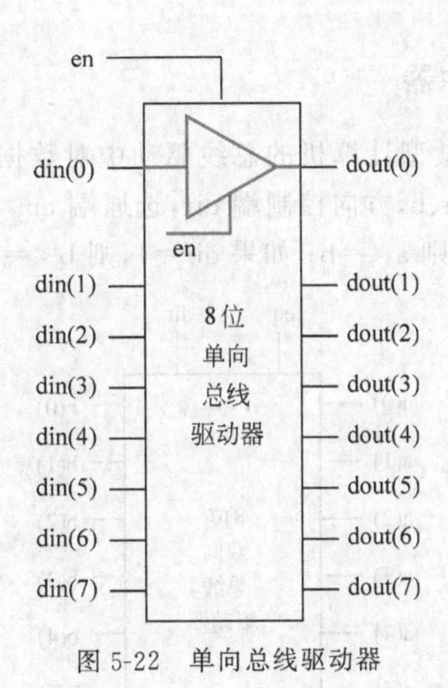

图 5-22　单向总线驱动器

例 5-18：单向总线驱动器的描述方法。

```
library IEEE;
use IEEE.std_logic_1164.all;

entity tri_buf8 is port (
din : in std_logic_vector(7 downto 0);
en : in std_logic;
dout : out std_logic_vector(7 downto 0) bus );
end tri_buf8;

architecture zas of tri_buf8 is
begin
tri_buff: process (din, en)
    begin
        if (en) = '1' then
            dout <= din;
        else
            dout <= "ZZZZZZZZ";
        end if;
    end process;
end zas;
```

注意：

(1) 不能将"Z"值赋予变量，否则不能逻辑综合；

(2) "Z"和"0"或"1"不能混合使用；但可以分开赋值。如：

```
dout <= "Z001ZZZZ"               ⬅ERROR
dout(7) <= 'Z'                   ⬅RIGHT
dout (6 downto 4) <= "001"       ⬅RIGHT
dout (3 downto 0) <= "ZZZZ"      ⬅RIGHT
```

5.6.3 双向总线缓冲器

双向总线缓冲器用于在微型计算机的总线驱动中对数据总线的驱动和缓冲。图 5-23 中双向缓冲器有数据输入端 a、b，方向控制端 dir，选通端 en。en＝1 未选中，a、b 都呈现高阻；en＝0 选中，如果 dir＝0，则 a <＝b；如果 dir＝1，则 b <＝a。

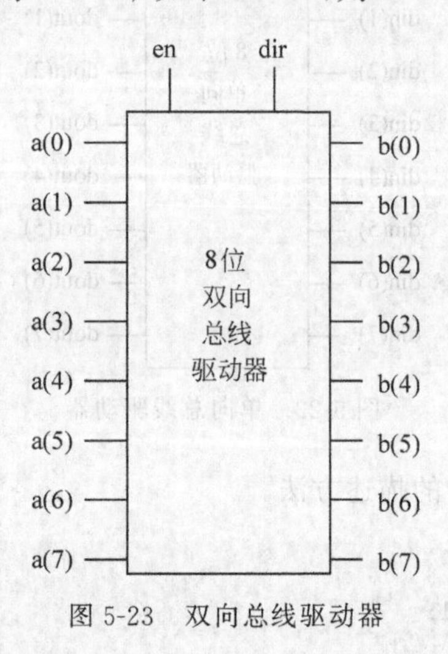

图 5-23　双向总线驱动器

例 5-19：双向总线驱动器的描述方法。

```
library IEEE;
use IEEE.std_logic_1164.all;

entity tri_bigate is port (
a, b: inout std_logic_vector(7 downto 0) bus;
en: in std_logic;
dir: out std_logic);
end tri_bigate;

architecture tri of tri_bigate is
sigal aout, bout: std_logic_vector(7 downto 0);
begin
   process (a, dir, en)
 begin
     if (en = '0') and (dir = '1') then
         bout <= a;
     else
         bout <= "ZZZZZZZZ";
     end if;
     b <= bout;
         end process;

         process (b, dir, en)
         begin
```

```
if (en = '0') and (dir = '0') then
    aout <= b;
else
    aout <= "ZZZZZZZZ";
end if;
a <= aout;
    end process;
end tri;
```

5.7　LCD1602 显示电路设计

液晶显示器以其微功耗、体积小、使用灵活等诸多优点在袖珍式仪表和低功耗应用系统中得到越来越广泛的应用。液晶显示器通常可分为两大类，一类是点阵型，另一类是字符型。点阵型液晶显示器通常面积较大，可以显示图形；而一般的字符型液晶显示器只有两行，面积小，能显示字符和一些很简单的图形，简单易控制且成本低。下面以 LCD1602 字符型液晶显示器为例，介绍其使用编程。

5.7.1　LCD1602 内部结构分析

LCD1602 内部主要由 LCD 显示屏(LCD Panel)、控制器 HD44780(Controller)、段码驱动器(Segment Driver)和背光源电路构成。图 5-24 为 LCD1602 的结构图。

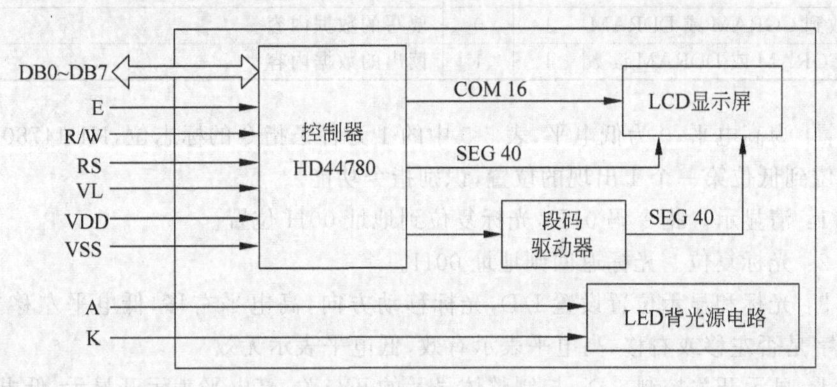

图 5-24　LCD1602 的结构图

控制器 HD44780 主要由指令寄存器 IR、数据寄存器 DR、忙标志 BF、地址计数器 AC、DDRAM(数据存储器)、CGROM(字符发生器)、CGRAM(用户自定义 RAM)以及时序发生电路组成。在控制器 HD44780 的控制下，液晶模块通过数据总线 DB0～DB7 和 RS、R/W、E 三个输入控制端与 FPGA 接口。三根控制线按照规定的时序相互协调作用，使控制器通过数据总线 DB 接收 FPGA 发送来的指令和数据，从 CGROM 中找到欲显示字符的字符码，送入 DDRAM，在 LCD 显示屏上与 DDRAM 存储单元对应的规定位置显示出该字符。DDRAM 地址与 LCD 显示屏上的显示位置对应关系如图 5-25 所示。

显示位置	→	1	2	3	…	14	15	16
DDRAM地址	Line1	00H	01H	02H	…	0DH	0EH	0FH
	Line2	40H	41H	42H	…	4DH	4EH	4FH

图 5-25　DDRAM 地址与 LCD 显示屏上的显示位置对应关系

5.7.2　LCD1602 控制指令集

LCD1602 液晶模块的读写操作、屏幕和光标的操作都是通过指令编程实现的。LCD1602 液晶模块内部的控制器共有 11 条控制指令,如表 5-5 所示。

表 5-5　LCD1602 液晶模块控制指令

序号	指　　令	RS	R/W	D7	D6	D5	D4	D3	D2	D1	D0
1	清显示	0	0	0	0	0	0	0	0	0	1
2	光标返回	0	0	0	0	0	0	0	0	1	*
3	置输入模式	0	0	0	0	0	0	0	1	I/D	S
4	显示开/关控制	0	0	0	0	0	0	1	D	C	B
5	光标或字符移位	0	0	0	0	0	1	S/C	R/L	*	*
6	置功能	0	0	0	0	1	DL	N	F	*	*
7	置字符发生存储器地址	0	0	0	1	字符发生存储器地址					
8	置数据存储器地址	0	0	1	显示数据存储器地址						
9	读忙标志或地址	0	1	BF	计数器地址						
10	写数到 CGRAM 或 DDRAM	1	0	要写的数据内容							
11	从 CGRAM 或 DDRAM 读数	1	1	读出的数据内容							

说明：1 为高电平,0 为低电平,表 5-5 中的 1 为各条指令的标志位,HD44780 通过判断指令从高位到低位第一个 1 出现的位置,识别指令功能。

指令 1：清显示。指令码 01H,光标复位到地址 00H 位置。

指令 2：光标复位。光标返回到地址 00H。

指令 3：光标和显示位置设置 I/D,光标移动方向,高电平右移,低电平左移。S：屏幕上所有文字是否左移或右移,高电平表示有效,低电平表示无效。

指令 4：显示开关控制。D：控制整体显示的开与关,高电平表示开显示,低电平表示关显示。C：控制光标的开与关,高电平表示有光标,低电平表示无光标。B：控制光标是否闪烁,高电平闪烁,低电平不闪烁。

指令 5：光标或显示移位。S/C：高电平时显示移动的文字,低电平时移动光标。

指令 6：功能设置命令。DL：高电平时为 4 位总线,低电平时为 8 位总线。N：低电平时为单行显示,高电平时为双行显示。F：低电平时显示 5×7 的点阵字符,高电平时显示 5×10 的显示字符。

指令 7：字符发生器 RAM 地址设置。

指令 8：DDRAM 地址设置。

指令 9：读忙信号和光标地址。BF：忙标志位,高电平表示忙,此时模块不能接收命令或数据，如果为低电平则表示不忙。

读写基本操作时序见表 5-6。

表 5-6 读写基本操作时序

操　作	输　入	输　出
读状态	RS＝L，RW＝H，E＝H	DB0～DB7＝状态字
写指令	RS＝L，RW＝L，E＝下降沿脉冲，DB0～DB7＝指令码	无
读数据	RS＝H，RW＝H，E＝H	DB0～DB7＝数据
写数据	RS＝H，RW＝L，E＝下降沿脉冲，DB0～DB7＝数据	无

RS 为数据/命令选择端，RS 为高电平对应数据操作，RS 为低电平对应指令操作；R/W 为读写选择端，R/W 为高电平对应读操作，R/W 为低电平对应写操作；E 为使能信号，E 为高时读取信息使能，E 为下降沿执行写入指令或数据操作。读、写操作时序如图 5-26 及图 5-27 所示。

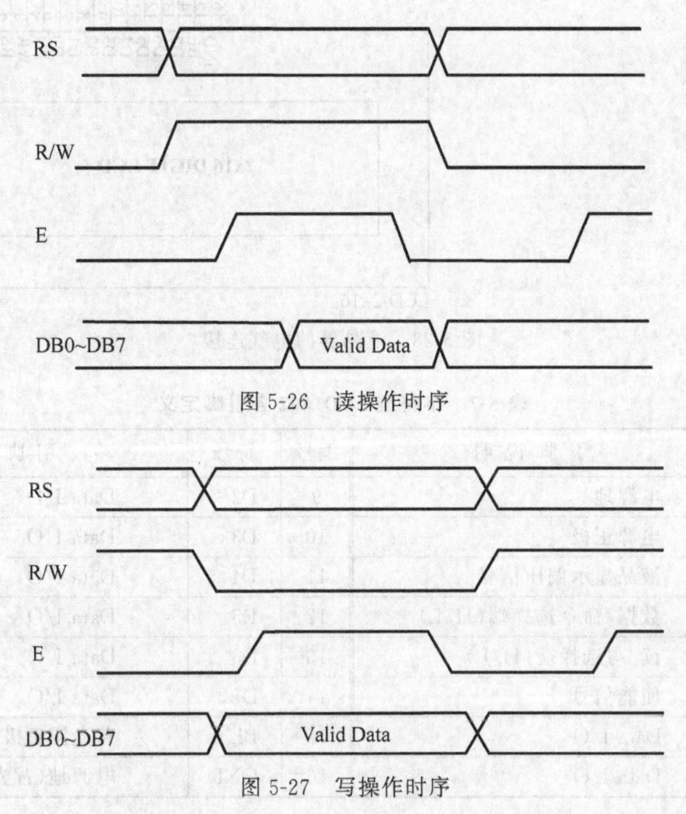

图 5-26 读操作时序

图 5-27 写操作时序

5.7.3 LCD1602 电气连接关系

液晶屏的电气连接如图 5-28 所示，各引脚定义如表 5-7 所示。电阻 R16 和 R17 改变偏压信号，使液晶显示有合适的对比度，也可接一个电位器，通过改变电位器的阻值来改变液晶显示的对比度；LCD_BLON 控制液晶屏背光的开关。

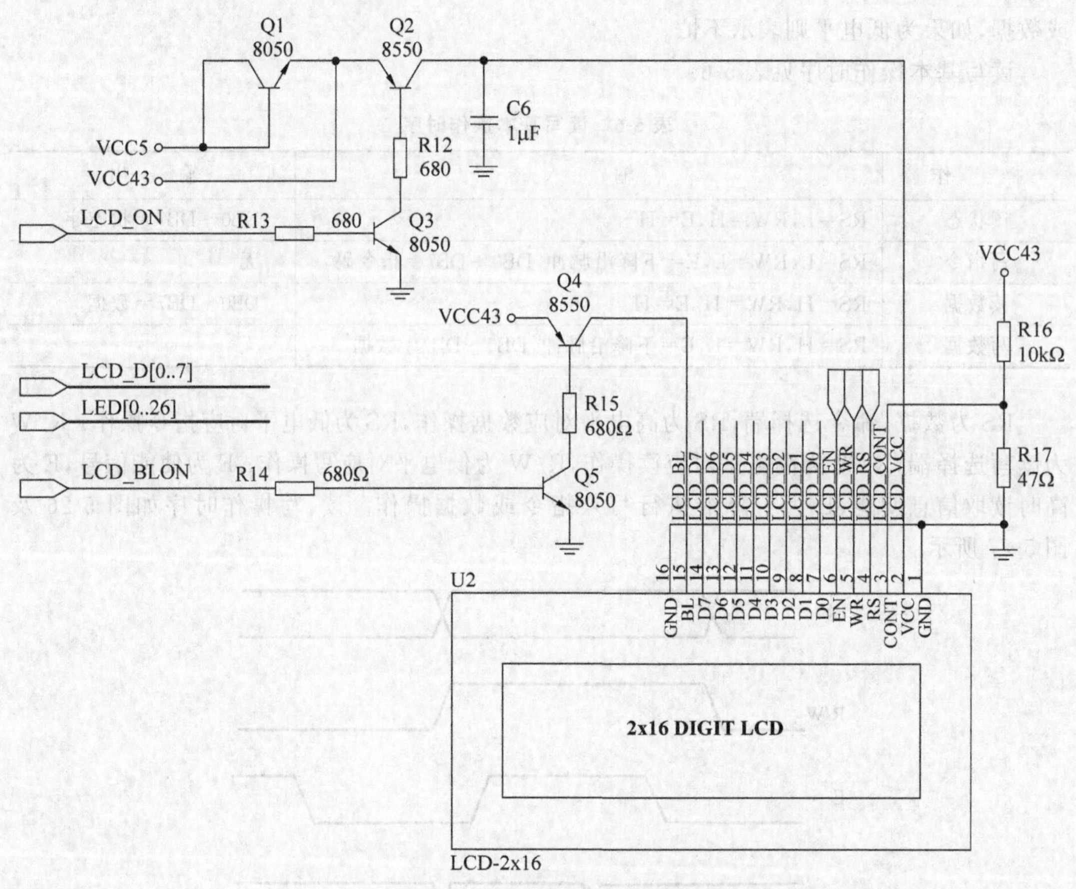

图 5-28　液晶屏的电气连接

表 5-7　字符型 LCD1602 各引脚定义

编号	符号	引 脚 说 明	编号	符号	引 脚 说 明
1	GND	电源地	9	D2	Data I/O
2	VCC	电源正极	10	D3	Data I/O
3	CONT	液晶显示偏压信号	11	D4	Data I/O
4	RS	数据/命令选择端(H/L)	12	D5	Data I/O
5	RW	读/写选择端(H/L)	13	D6	Data I/O
6	EN	使能信号	14	D7	Data I/O
7	D0	Data I/O	15	BL	背光源正极
8	D1	Data I/O	16	GND	电源地(背光源负极)

5.7.4　LCD1602 程序设计

LCD1602 显示控制器由两部分组成，一部分是用于存放待显示字符的 RAM，另一部分是驱动 LCD 的时序状态机。

根据 LCD1602 工作原理编写代码，生成的 LCD1602 驱动模块如图 5-29 所示。LCD 模块输入端口为时钟输入及系统复位信号；输出端口为 LCD1602 的控制线及数据线。

在LCD1602显示之前需要对其进行初始化设置。如：设置字符的格式，是一行显示还是两行显示，数据位宽是8位还是4位，显示点阵的大小；显示开关的控制；输入方式的控制；清屏；DDRAM及CGRAM地址设置等。具体流程图如图5-30所示。

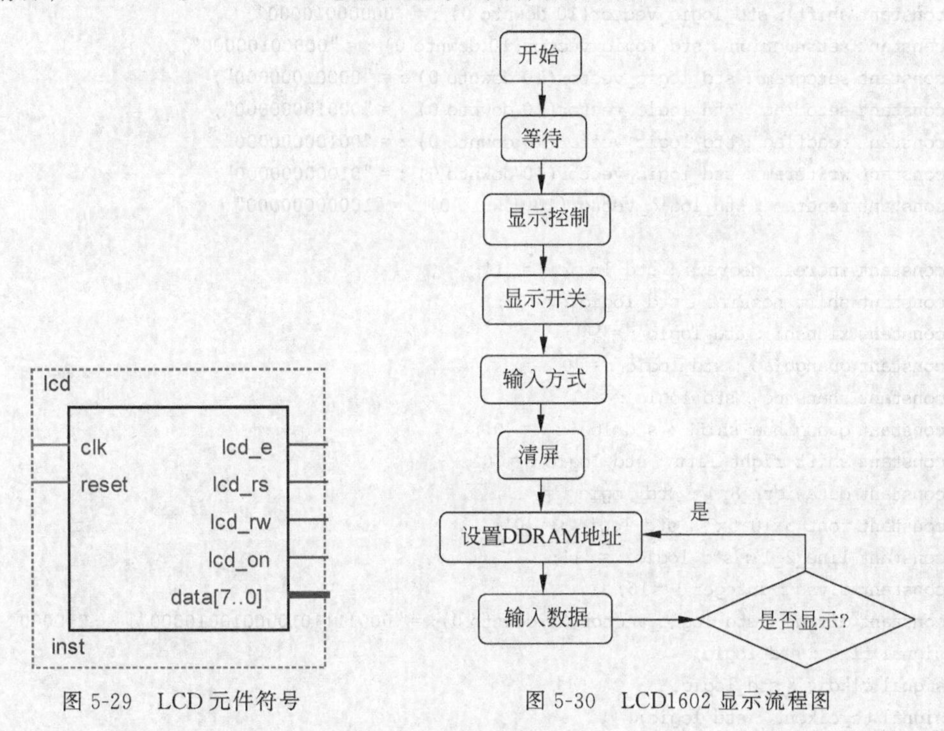

图5-29　LCD元件符号　　　图5-30　LCD1602显示流程图

例5-20：设计程序完成"welcome to the…"字符的显示。输入信号clk为50MHz时钟信号。

(1) LCD驱动程序：

```
library IEEE;
use IEEE.std_logic_1164.all;
use IEEE.std_logic_arith.all;
use IEEE.std_logic_unsigned.all;
entity lcd is
entity lcd is
        port (clk : in std_logic;
            reset : in std_logic;
            lcd_e : buffer std_logic;
            lcd_rs : out std_logic;
            lcd_rw : out std_logic;
            lcd_on : out std_logic;
            data : out std_logic_vector(7 downto 0));
end lcd;

architecture behavioral of lcd is
constant idle: std_logic_vector(10 downto 0): = "00000000000";
constant clear: std_logic_vector(10 downto 0): = "00000000001";
```

```
constant returncursor : std_logic_vector(10 downto 0) : = "00000000010";
constant setmode : std_logic_vector(10 downto 0) : = "00000000100";
constant switchmode : std_logic_vector(10 downto 0) : = "00000001000";
constant shift : std_logic_vector(10 downto 0) : = "00000010000";
constant setfunction : std_logic_vector(10 downto 0) : = "00000100000";
constant setcgram : std_logic_vector(10 downto 0) : = "00001000000";
constant setddram : std_logic_vector(10 downto 0) : = "00010000000";
constant readflag : std_logic_vector(10 downto 0) : = "00100000000";
constant writeram : std_logic_vector(10 downto 0) : = "01000000000";
constant readram : std_logic_vector(10 downto 0) : = "10000000000";

constant increas_decreas : std_logic : = '1';
constant shift_noshift : std_logic : = '0';
constant xianshi : std_logic : = '1';
constant guangbiao : std_logic : = '0';
constant shanshuo : std_logic : = '0';
constant guang_hua_shift : std_logic : = '0';
constant shift_right_lift : std_logic : = '0';
constant datawidth_8_4 : std_logic : = '1';
constant font_5x10_5x7 : std_logic : = '0';
constant line_2_1 : std_logic : = '1';
constant divss : integer : = 16;
constant divcnt : std_logic_vector(20 downto 0): = "000111101000010010000"; -- 250000
signal flag : std_logic;
signal clkdiv : std_logic;
signal tc_clkcnt : std_logic;
signal char_addr : std_logic_vector(5 downto 0);
signal data_in : std_logic_vector(7 downto 0);
signal clkcnt : std_logic_vector(20 downto 0);
signal state : std_logic_vector(10 downto 0);
signal counter : integer range 0 to 157;
signal div_counter : integer range 0 to 15;

component char_ram
        port (address : in std_logic_vector(5 downto 0);
              data : out std_logic_vector(7 downto 0));
end component;

begin
lcd_on <= '1';
tc_clkcnt <= '1' when clkcnt = divcnt else '0';

process(clk,reset)
begin
    if(reset = '0')then
       clkcnt <= "000000000000000000000";
    elsif(clk'event and clk = '1')
          then
              if(clkcnt = divcnt)
                   then
```

```
                    clkcnt <= "00000000000000000000";
               else
                    clkcnt <= clkcnt + 1;
               end if;
    end if;
end process;

process(tc_clkcnt,reset)
begin
     if(reset = '0')
          then clkdiv <= '0';
     elsif( tc_clkcnt'event and tc_clkcnt = '1')
          then clkdiv <=  not clkdiv;
     end if;
end process;
lcd_e <=  clkdiv;

aa:char_ram
port map(address => char_addr,
         data => data_in);

lcd_rs <= '1'
    when state =  writeram or state =  readram else '0';
lcd_rw <=  '0'
    when state = clear or state = returncursor or state = setmode or state = switchmode or state
 = shift or state = setfunction or state = setcgram or state = setddram or state = writeram
else  '1';
data <=  "00000001" when state = clear else        -- 清屏
    "00000010" when state = returncursor else   -- 归位
    "000001" & increas_decreas & shift_noshift when state = setmode else
                                               -- 输入方式设置,ac 自动增 1,画面不动
    "00001" & xianshi & guangbiao & shanshuo when state = switchmode else
                                               -- 显示开关设置,显示开,光标和闪烁关
    "0001" & guang_hua_shift & shift_right_lift &"00"  when state = shift else
                                               -- 光标画面设置光标平移一个字符,左移
    "001" & datawidth_8_4 & line_2_1 & font_5x10_5x7 & "00" when state = setfunction
                                               -- 功能设置,8 位数据,两行显示,5×7 点阵
    else "01000000" when state = setcgram        -- 设置 cgram 地址
    else "10000000" when state = setddram and counter < 40  -- 设置 ddram 第一行首地址
    else "11000000" when state = setddram and counter >= 40 and counter < 81
                                               -- 设置 ddram 第二行首地址
    else data_in when state = writeram
    else "ZZZZZZZZ";

char_addr <=  conv_std_logic_vector(counter,6)
          when state = writeram and counter < 40
               else conv_std_logic_vector( counter - 41 + 16,6)
when state = writeram and counter > 40 and counter < 81
```

```
            else "000000";

process(clkdiv,reset)                       --状态机程序
  begin
      if(reset='0')then                     --reset为复位信号,复位后重新刷新显示内容
            state<=idle;                    --复位后,状态回归到等待
            counter<=0;                     --计数清零
            flag<='0';                      --标志清零
            div_counter<=0;                 --分频计数器清零
    elsif(clkdiv'event and clkdiv='1')then
    case state is
    when idle =>
      if(flag='0')then
        state<=setfunction;  --flag='0'--表示未完成功能设置,进入工作方式设置状态
                flag<='1';
                counter<=0;
                div_counter<=0;
        else
          if(div_counter<divss )then   --flag='1'表示功能设置已经完成,进入等待状态
                      div_counter<=div_counter+1;
                      state<=idle;
           else
                      div_counter<=0;
                      state<=shift;
           end if;
      end if;
        when setfunction =>
             state<=switchmode;
        when switchmode =>
             state<=setmode;
        when setmode =>
             state<=clear;
        when clear =>
             state<=setddram;
        when shift =>
             state<=idle;
        when setddram =>
             state<=writeram;
        when readflag =>
             state<=idle;
        when writeram =>
                if(counter =40)then   --完成第一行显示后,要写第二行初始地址
                      state<=setddram;
                      counter<=counter+1;
                   elsif(counter<81)then
                      state<=writeram;
                      counter<=counter+1;
                   else
                     state<=setddram;
                     counter<=0;
```

```
                        state <= shift;
                    end if;
            when readram =>
                state <= idle;
            when others =>
                state <= idle;
        end case;
    end if;
end process;
end behavioral;
```

图 5-31 给出了 LCD 显示驱动程序状态转换图。

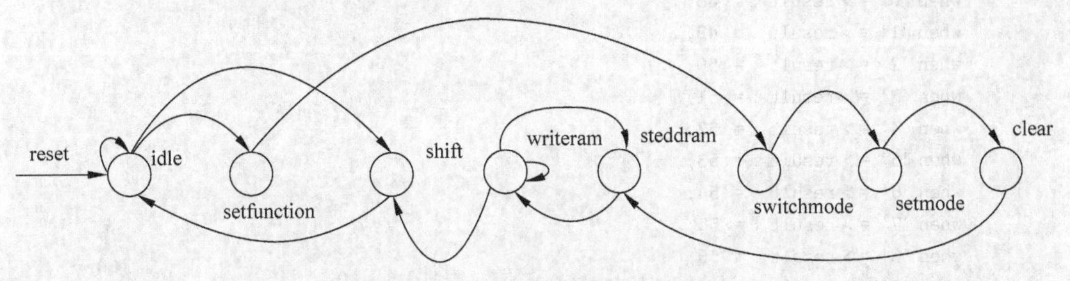

图 5-31 LCD 显示控制状态转换图

状态转换分析：初始时处于等待状态，判断若没有完成刷新任务(flag='0')，则首先向 LCD 写设置命令，完成工作方式设置位、显示模式设置、输入方式设置、清屏指令。写完设置命令后，设置光标地址为第一行首地址，开始写入数据，写完第一行 16 个数据后，要设置地址为第二行首地址继续写入第二行 16 个字符，继而进入等待状态，等复位信号到来后，重复上面的过程，刷新液晶屏显示的信息。

(2) 获取字符数据存储器电路：

```
library IEEE;
use IEEE.std_logic_1164.all;
use IEEE.std_logic_arith.all;
use IEEE.std_logic_unsigned.all;

entity char_ram is
port(address : in std_logic_vector(5 downto 0);
      data : out std_logic_vector(7 downto 0));
end char_ram;
architecture ZXY of char_ram is
function char_to_integer (indata : character) return integer is
variable result : integer range 0 to 16#7F#;
begin
    case indata is
    when ' ' => result := 32;
    when '!' => result := 33;
    when '"' => result := 34;
    when '#' => result := 35;
```

```
        when '$' => result := 36;
        when '%' => result := 37;
        when '&' => result := 38;
        when ''' => result := 39;
        when '(' => result := 40;
        when ')' => result := 41;
        when '*' => result := 42;
        when '+' => result := 43;
        when ',' => result := 44;
        when '-' => result := 45;
        when '.' => result := 46;
        when '/' => result := 47;
        when '0' => result := 48;
        when '1' => result := 49;
        when '2' => result := 50;
        when '3' => result := 51;
        when '4' => result := 52;
        when '5' => result := 53;
        when '6' => result := 54;
        when '7' => result := 55;
        when '8' => result := 56;
        when '9' => result := 57;
        when ':' => result := 58;
        when ';' => result := 59;
        when '<' => result := 60;
        when '=' => result := 61;
        when '>' => result := 62;
        when '?' => result := 63;
        when '@' => result := 64;
        when 'A' => result := 65;
        when 'B' => result := 66;
        when 'C' => result := 67;
        when 'D' => result := 68;
        when 'E' => result := 69;
        when 'F' => result := 70;
        when 'G' => result := 71;
        when 'H' => result := 72;
        when 'I' => result := 73;
        when 'J' => result := 74;
        when 'K' => result := 75;
        when 'L' => result := 76;
        when 'M' => result := 77;
        when 'N' => result := 78;
        when 'O' => result := 79;
        when 'P' => result := 80;
        when 'Q' => result := 81;
        when 'R' => result := 82;
        when 'S' => result := 83;
        when 'T' => result := 84;
        when 'U' => result := 85;
```

```
    when 'V' =>result := 86;
    when 'W' =>result := 87;
    when 'X' =>result := 88;
    when 'Y' =>result := 89;
    when 'Z' =>result := 90;
    when '[' =>result := 91;
    when '\' =>result := 92;
    when ']' =>result := 93;
    when '^' =>result := 94;
    when '_' =>result := 95;
    when '`' =>result := 96;
    when 'a' =>result := 97;
    when 'b' =>result := 98;
    when 'c' =>result := 99;
    when 'd' =>result := 100;
    when 'e' =>result := 101;
    when 'f' =>result := 102;
    when 'g' =>result := 103;
    when 'h' =>result := 104;
    when 'i' =>result := 105;
    when 'j' =>result := 106;
    when 'k' =>result := 107;
    when 'l' =>result := 108;
    when 'm' =>result := 109;
    when 'n' =>result := 110;
    when 'o' =>result := 111;
    when 'p' =>result := 112;
    when 'q' =>result := 113;
    when 'r' =>result := 114;
    when 's' =>result := 115;
    when 't' =>result := 116;
    when 'u' =>result := 117;
    when 'v' =>result := 118;
    when 'w' =>result := 119;
    when 'x' =>result := 120;
    when 'y' =>result := 121;
    when 'z' =>result := 122;
    when '{' =>result := 123;
    when '|' =>result := 124;
    when '}' =>result := 125;
    when '~' =>result := 126;
    when others =>result := 32;
    end case;
    return result;
end function;
begin
process (address)
begin
    case address is
    when "000001" => data <= conv_std_logic_vector(char_to_integer ('W') ,8);
```

```
        when "000010"  => data <= conv_std_logic_vector(char_to_integer ('e') ,8);
        when "000011"  => data <= conv_std_logic_vector(char_to_integer ('l') ,8);
        when "000100"  => data <= conv_std_logic_vector(char_to_integer ('c') ,8);
        when "000101"  => data <= conv_std_logic_vector(char_to_integer ('o') ,8);
        when "000110"  => data <= conv_std_logic_vector(char_to_integer ('m') ,8);
        when "000111"  => data <= conv_std_logic_vector(char_to_integer ('e') ,8);
        when "001000"  => data <= conv_std_logic_vector(char_to_integer ('') ,8);
        when "001001"  => data <= conv_std_logic_vector(char_to_integer ('t') ,8);
        when "001010"  => data <= conv_std_logic_vector(char_to_integer ('o') ,8);
        when "001011"  => data <= conv_std_logic_vector(char_to_integer ('') ,8);
        when "001100"  => data <= conv_std_logic_vector(char_to_integer ('t') ,8);
        when "001101"  => data <= conv_std_logic_vector(char_to_integer ('h') ,8);
        when "001110"  => data <= conv_std_logic_vector(char_to_integer ('e') ,8);
        when "001111"  => data <= conv_std_logic_vector(char_to_integer ('') ,8);
        when "010000"  => data <= conv_std_logic_vector(char_to_integer ('I') ,8);
        when "010001"  => data <= conv_std_logic_vector(char_to_integer ('n') ,8);
        when "010010"  => data <= conv_std_logic_vector(char_to_integer ('t') ,8);
        when "010011"  => data <= conv_std_logic_vector(char_to_integer ('e') ,8);
        when "010100"  => data <= conv_std_logic_vector(char_to_integer ('l') ,8);
        when "010101"  => data <= conv_std_logic_vector(char_to_integer ('') ,8);
        when "010110"  => data <= conv_std_logic_vector(char_to_integer ('D') ,8);
        when "010111"  => data <= conv_std_logic_vector(char_to_integer ('E') ,8);
        when "011000"  => data <= conv_std_logic_vector(char_to_integer ('2') ,8);
        when "011001"  => data <= conv_std_logic_vector(char_to_integer ('') ,8);
        when "011010"  => data <= conv_std_logic_vector(char_to_integer ('B') ,8);
        when "011011"  => data <= conv_std_logic_vector(char_to_integer ('o') ,8);
        when "011100"  => data <= conv_std_logic_vector(char_to_integer ('a') ,8);
        when "011101"  => data <= conv_std_logic_vector(char_to_integer ('r') ,8);
        when "011110"  => data <= conv_std_logic_vector(char_to_integer ('d') ,8);
        when others  => data <= conv_std_logic_vector(char_to_integer ('') ,8);
        end case;
    end process;
    end ZXY;
```

其仿真图如图 5-32 所示。

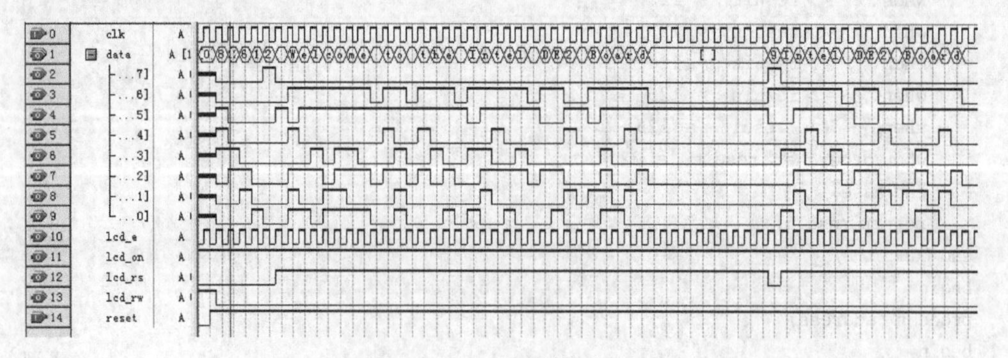

图 5-32　LCD 显示仿真图

显示效果图如图 5-33 所示。

图 5-33　显示效果图

第6章

VHDL有限状态机设计

引言

为什么要使用状态机？如果我们能设计这样一个电路，具有如下功能：

(1) 能记住目前所处的状态；

(2) 状态的变化只可能在同一时钟的跳变沿时刻发生，而不可能发生在任意时刻；

(3) 在时钟跳变沿时刻，如输入条件满足则进入下一状态，并记住目前所处的状态，否则仍保留原来的状态；

(4) 在进入不同的状态时刻，对系统的开关阵列做开启或关闭操作。

这样的电路或系统就用到状态机。

6.1 概述

1. 有限状态机的基本概念

1) 状态机是一种思想方法

状态机的本质就是对具有逻辑顺序或时序规律事件的一种描述方法。具有逻辑顺序和时序规律的事件都适合用状态机描述。抛开电路的具体含义，时序电路的通用模型就是有限状态机。

2) 什么是有限状态机？

实际的时序电路中的状态数是有限的，因此又称为有限状态机(Finite State Machine，FSM)。有限状态机要素：

(1) 现态。指状态机当前所处的状态。

(2) 次态。根据现态、输入以及状态转移函数得到的，状态机将要跳转至的新状态。次态是相对于现态而言的，一旦状态迁移完成，次态便变成了新的现态。

(3) 输入信号(事件)。输入一般指外部事件，当一个外部事件发生后，状态机便会根据状态转移函数发生响应的状态跳转，或者状态机将会更新自己的输出情况。

(4) 输出控制信号(相应操作)。输出是由现态或者现态和输入共同决定的。

2. VHDL一般有限状态机的类型

用VHDL设计的状态机有多种形式，从信号输出方式分为Moore型有限状态机和Mealy型有限状态机；从结构上分为单进程状态机和多进程状态机；从状态表达方式上分为符号化状态机、确定状态编码状态机；从编码方式上分为顺序编码状态机、一位热码编码状态机或其他编码方式状态机。

1) Moore型有限状态机

Moore状态机是指那些输出信号仅与当前状态有关的有限状态机，即可以把Moore型有限状态机的输出看成当前状态的函数。

Moore型有限状态机框图如图6-1所示。

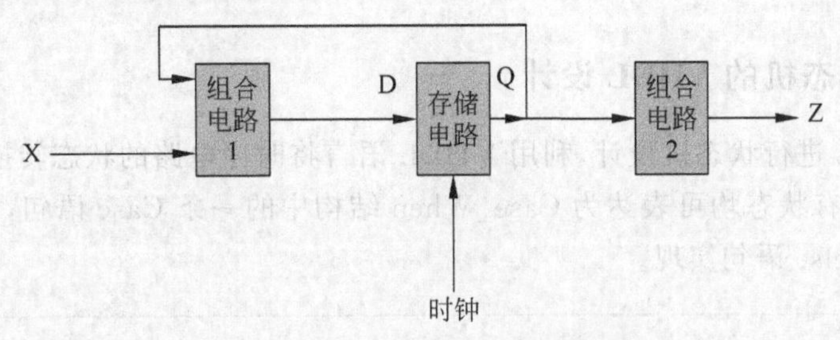

图6-1　Moore型有限状态机框图

2) Mealy型有限状态机

Mealy型有限状态机是指那些输出信号不仅与当前状态有关，还与所有的输入信号有关的有限状态机，即可以把Mealy有限状态机的输出看作当前状态和所有输入信号的函数。可见，Mealy有限状态机要比Moore有限状态机复杂一些。

Mealy型有限状态机框图如图6-2所示。

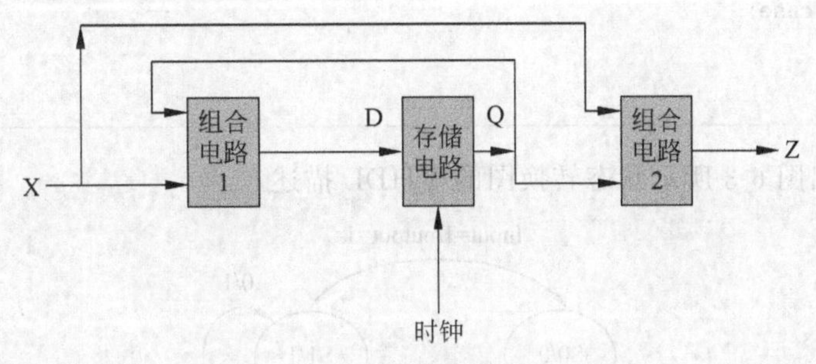

图6-2　Mealy型有限状态机框图

3) Moore型和Mealy型有限状态机的区别

Moore型有限状态机仅与当前状态有关，而与输入信号无关；

Mealy型有限状态机不但与当前状态有关，而且还与状态机的输入信号有关。

采用何种有限状态机的判别条件：

(1) Moore型有限状态机可能要比相应的Mealy型有限状态机需要更多的状态。

(2) Moore型有限状态机的输出与当前的输入部分无关，因此当前输入产生的任何效果将会延迟到下一个时钟周期。可见，Moore型状态机的最大优点就是可以将输入部分和输出部分隔离开。

(3) 对于 Mealy 型有限状态机来说，由于它的输出是输入信号的函数，因此如果输入信号发生改变，那么输出可以在一个时钟周期内发生改变。

从结构上可分为单进程状态机、双进程状态机和多进程状态机。

单进程状态机：整个状态机的描述在一个进程中完成。

双进程状态机：将组合逻辑部分和时序逻辑部分分开描述，放在结构体的说明部分。

多进程状态机：将组合逻辑部分再分为产生次态的组合逻辑部分和产生输出的组合逻辑部分，与时序逻辑部分一起放在结构体的说明部分。

6.2 有限状态机的 VHDL 程序设计

6.2.1 状态机的 VHDL 设计

利用 VHDL 进行状态机设计，利用 VHDL 语言将时序电路的状态转换关系进行描述。在 VHDL 中，所有状态均可表达为 Case_When 结构中的一条 Case 语句，而状态的转移可以通过 If_then_else 语句实现。

```
process(clk)
begin
    if clk'event and clk = '1' then
        case state is:
            when "000" =>
                if 条件 1 then
                        state <= "001";
                end if;
            when … …
        end case;
    end if;
end process
```

例 6-1：写出图 6-3 所示状态转换图的 VHDL 描述。

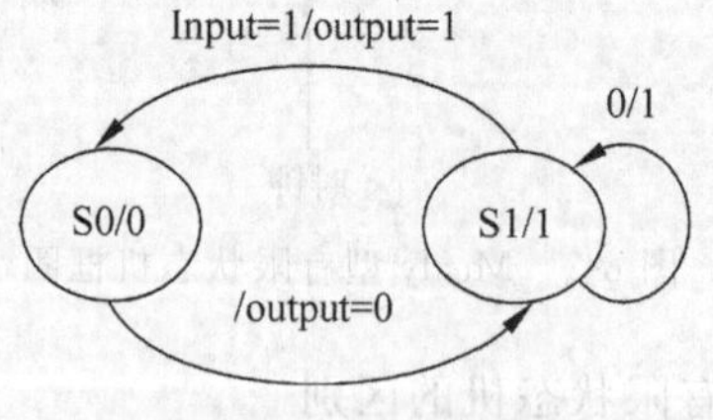

图 6-3 状态转换图

```
library IEEE;
use IEEE.std_logic_1164.all;
entity state_machine is
port (
    clk, input, clr : in bit;
```

```
    output : out bit );
end state_machine;
architecture behave_1 of state_machine is
type state_type is (s0, s1);    --通常使用枚举类型定义状态机的状态
signal state: state_type;
begin
    process (clk)
        begin
            if clr = '1' then state <= s0;
            elsif (clk'event and clk = '1') then
                case state is
                when s0 => state <= s1;
                when s1 =>
                    if input = '1' then
                        state <= s0;
                    else
                        state <= s1;
                    end if;
    end if;
   end process;
    output <= '1' when (state = s1) else '0';
end behave_1;
```

6.2.2 一般有限状态机的 VHDL 程序设计

一般有限状态机通常可以写成时钟同步的状态机的结构，如图 6-4 所示。

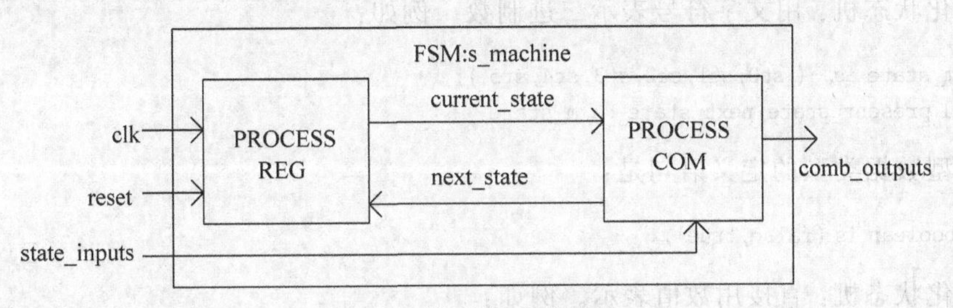

图 6-4 状态机的结构图

此状态机包括了两个进程，即时序进程和组合进程，如果将输出逻辑独立出来，则可以写成 3 个进程。一个状态转换图如图 6-5 所示，以此状态图来说明一般有限状态机的设计。

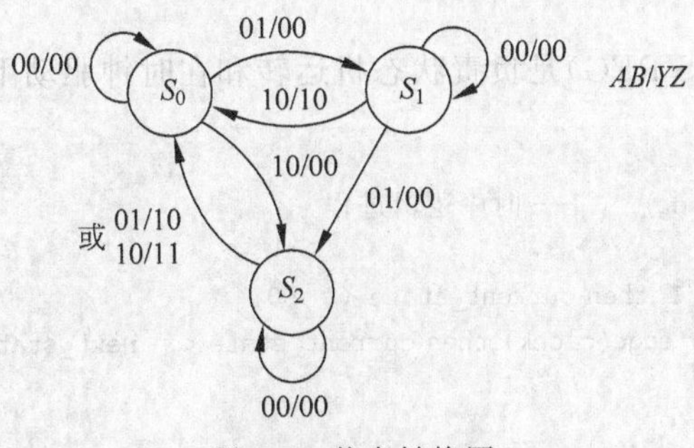

图 6-5 状态转换图

1. 说明部分

```
library IEEE;
use IEEE.std_logic_1164.all;
entity state_machine is
    port (clk, reset,a,b: in std_logic;
       y,z: out  std_logic);
end state_machine;
architecture test of state_machine is
    type fsm_st is (s0,s1,s2,s3);
    signal current_state, next_state: fsm_st;
begin……);    --通常使用枚举类型定义状态机的状态
```

用户自定义数据类型定义语句，type 语句用法如下：

```
type  数据类型名  is  数据类型定义  of 基本数据类型;
或
type  数据类型名  is  数据类型定义;
```

以下列出了两种不同的定义方式：

(1) type state is array (0 to 15) of std_logic;
--数组数据类型

(2) type week is (sun,mon,tue,wed,thu,fri,sat);
--枚举数据类型

符号化状态机：用文字符号表示二进制数。例如：

```
type m_state is  ( st0,st1,st2,st3,st4,st5 );
signal present_state,next_state :  m_state  ;
```

布尔型数据类型的定义语句是：

```
type boolean is (false,true);
```

确定化状态机：直接用数值表示。例如：

```
type my_logic is  ( '1','Z','U','0');
signal s1 : my_logic;
   s1 <=  'Z';
```

2. 时序进程

时序进程(PROCESS REG)是负责状态机运转和在时钟驱动下负责状态转换的进程。

```
begin
reg: process (clk, reset)     --时序逻辑进程
        begin
          if reset = '1' then current_state <= s0;
          elsif rising_edge(clock) then current_state <= next_state; --状态转换
          end if;
      end process reg;
                          --由信号 current_state 将当前状态值带出此进程,进入 com 进程
```

3. 组合进程

组合进程(PROCESS COM)是根据外部输入的控制信号(包括来自状态机外部的信号和来自状态机内部其他非主控的组合或时序进程的信号),或(和)当前状态的状态值确定下一状态(next_state)的取向,即 next_state 的取值内容,以及确定对外输出或对内部其他组合或时序进程输出控制信号的内容。

```
com: process (current_state , a,b) -- 组合逻辑进程
    begin
      case current_state is          -- 确定当前状态的状态值
    when s0 =>
       if a = '0' and b = '1' then next_state <= s1;
          elsif a = '1' and b = '0' then next_state <= s2;
          elsif a = '0' and b = '0' then next_state <= s0;
          end if;
     when s1 =>  if a = '0' and b = '0' then next_state <= s1;
                         elsif a = '0' and b = '1' then next_state <= s2;
                         elsif a = '1' and b = '0' then next_state <= s0;
                         end if;
     when s2 => if a = '0' and b = ''0' then next_state <= s2;
                         else next_state <= s0;
                         end if;
     end case;
    end process;                 -- 由信号 next_state 将下一个状态值带出此进程,进入 reg 进程
end test;
```

信号 current_state、next_state 在状态机中称为反馈信号,用于进程间的信息传递,实现当前状态的存储和下一个状态的设定等功能。VHDL 状态机中,所有状态均可表达为 case_when 结构中的一条 case 语句,而状态的转移可以通过 if_then_else 语句实现。

4. 输出模块

输出模块可有可无,如果需要可以用并行赋值语句实现,也可以用进程实现。

```
output: process (current_state , a,b)     -- 输出进程
    begin
      case current_state is
    when s0 =>
     if a = '0' and b = '1' then
           y<= '0', z <= '0';
        elsif a = '1' and b = '0' then
           y<= '0', z <= '0';
        elsif a = '0' and b = '0' then
           y<= '0', z <= '0';
        end if;
        ......;
        end case;
end process;
```

6.3 状态机应用实例

状态机主要的设计步骤为：

(1) 分析输入/输出端口信号；

(2) 设计状态转移图；

(3) 根据状态转移图进行 VHDL 语言描述；

(4) 测试代码编写，仿真；

(5) FPGA 实现。

例 6-2：进行图 6-6 所示简单交通灯状态机设计。

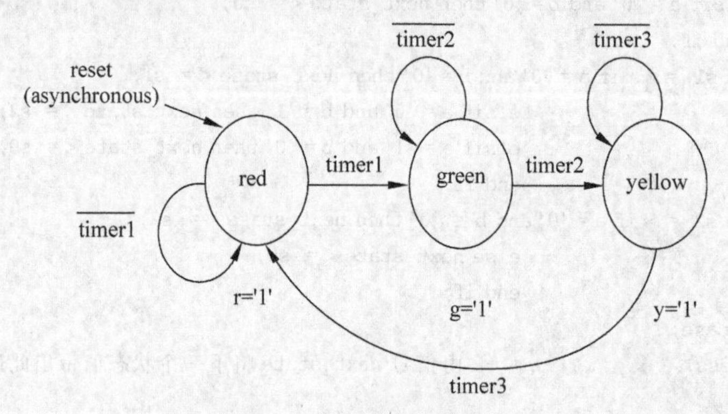

图 6-6 交通灯状态转移图

```
library IEEE;
use IEEE.std_logic_1164.all;
entity state_machine is port (
    clock, reset: in std_logic;
    timer1, timer2, timer3: in std_logic;
    r, y, g: out std_logic);
end state_machine;

architecture arch_1 of state_machine is
type traffic_states is (red, yellow, green);
signal sm: traffic_states;
begin
    fsm: process (clock, reset)
            begin
            if reset = '1' then sm <= red;
            elsif rising_edge(clock) then
            case sm is
            when red => if timer1 = '1' then sm <= green;
                        end if;
            when green => if timer2 = '1' then sm <= yellow;
                          end if;
```

```
when yellow => if timer3 = '1' then sm <=  red;
                        end if;
    when others => sm <=  red;
    end case;
    end if;
 end process fsm;
r <=  '1' when (sm = red) else '0';
g <=  '1' when (sm = green) else '0';
y <=  '1' when (sm = yellow) else '0';
end arch_1;
```

输出的仿真波形如图 6-7 所示。

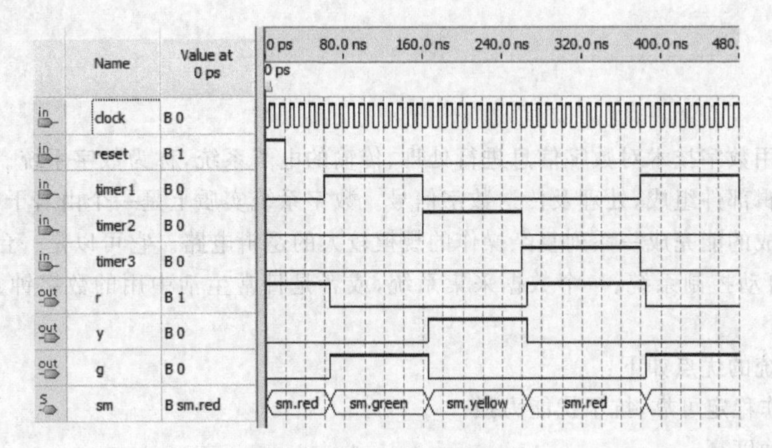

图 6-7　例 6-2 的仿真波形

第7章

数字系统设计

凡是利用数字技术对数字信息进行处理、传输的电子系统，称为数字系统。它由若干数字电路和逻辑部件组成，处理及传送数字信号。数字系统实质上是一个由若干个数字电路、逻辑部件构成的能完成一系列复杂操作的规模较大的逻辑电路。它可以是一台数字电子计算机、一个自动控制系统、一个数据采集系统，或者是日常生活中用的数字钟、交通灯控制器等。

数字系统的优点如下：

(1) 工作稳定可靠，抗干扰能力强；

(2) 精确度高；

(3) 便于大规模集成，易于实现小型化；

(4) 便于模块化；

(5) 便于加密、解密。

数字电路是对数字信号进行算术运算和逻辑运算的电路。在一块半导体基片上，把众多的数字电路基本单元制作在一起形成的数字电路，称为数字集成电路。数字系统的发展得益于数字器件和集成技术的发展。

最具有代表性的IC(Integrated Circuits)芯片：

- 微控制器(Micro Control Unit，MCU)；
- 可编程逻辑器件(Programmable Logic Device，PLD)；
- 数字信号处理器(Digital Signal Processor，DSP)；
- 大规模存储芯片(Random Access Memory/Read Only Memory，RAM/ROM)。

以上这些器件构成了现代数字系统的基石。

7.1 数字系统设计方法

数字系统一般可以分为控制单元和数据处理单元，其组成框图如图7-1所示。控制单元主要用来控制数据处理单元内各个电路模块的工作，它根据外部输入信号和数据处理单元反馈的状态信号，产生控制信号，从而决定数据处理单元的操作。控制单元输入时序逻辑电路，可以由状态机来设计实现。

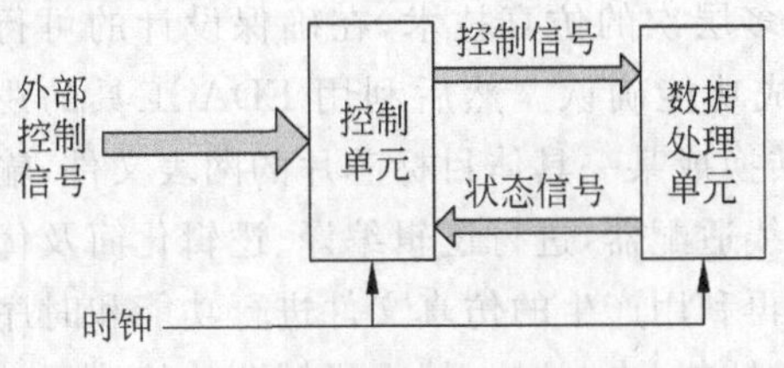

图 7-1　数字系统组成框图

数据处理单元实在控制单元的控制下完成各种逻辑运算、数据处理等，并产生系统的数据输出信号、数据运算状态信号等。数据处理单元主要包括运算器、计数器、寄存器等模块。

传统的数字系统设计方法采用的是自下而上的设计方法，采用搭积木式的方式，利用已有的逻辑元器件构成硬件电路，主要设计文件是电路原理图。随着大规模逻辑器件和计算机技术的飞速发展，现代数字系统的设计，可以利用 EDA 工具，选择可编程逻辑器件来实现电路设计。这种设计方式是将设计描述直接转换成 EDA 工具使用的硬件描述语言，送入计算机，由 EDA 软件完成逻辑描述、逻辑综合及仿真等工作，自动完成电路设计。将生成的配置数据下载至可编程逻辑器件最终实现电路的设计。

现代数字系统设计采用自上而下的设计方法，该方法是从整体系统功能出发，自上而下地逐步将设计内容细化，最后完成系统硬件的整体设计。主要设计文件是用硬件描述语言编写的源程序，采用可编程逻辑器件降低了硬件电路设计难度。

自上而下的设计方法可以分成三个层次对系统硬件进行设计。

1. 系统设计的描述

设计一个数字系统，首先应明确课题的任务、要求、原理和使用环境，搞清楚外部输入信号特性，输出信号特性，系统需要完成的逻辑功能、技术指标等，然后确定初步方案。这部分的描述方法有方框图、时序图和逻辑流程图。

2. 系统划分

将系统划分为控制器和受控电路两部分，而受控电路又是用各种模块即子系统实现。这一步的任务是根据上一步确定的系统功能，决定使用哪些子系统，以及确定这些子系统与控制器之间的关系。这一过程是一个逐级分解的过程，随着分解的进行，每个子系统的功能越来越专一和明确，因而系统的总体结构也越来越清晰。最终分解的程度以能清晰地表示出系统的总体结构，而又不为下一步的设计增加过多的限制为原则。分解完成后，对各个子系统及控制器进行功能描述，可以用硬件描述语言或 ASM 图等手段，定义和描述硬件结构的算法，并由算法转化成相应的结构。此阶段描述和定义的是抽象的逻辑模块，不涉及具体的器件。

3. 具体电路设计

这一步的任务是设计具体电路。传统的设计方法是将上面对各子系统的描述转换成逻辑电路或基本逻辑组件，选择具体器件如各种标准的 SSI、MSI、LSI 或 PLD 来实现受控电路。由于控制器是时序逻辑电路，采用时序电路的设计方法，借助 ASM 图或 MDS 图写出激励函数，进行逻辑化简，求出控制函数方程，然后合理选择具体器件实现控制器。

EDA设计流程是指利用EDA开发软件和编程工具对可编程逻辑器件进行开发的过程。在EDA软件平台上，利用硬件描述语言HDL等系统逻辑描述手段完成设计。再结合多层次的仿真技术，在确保设计的可行性与正确性的前提下，完成功能确认。然后利用EDA工具的逻辑综合功能，把功能描述转换成某一具体目标芯片的网表文件，输出给该器件厂商的布局布线适配器，进行逻辑编译、逻辑化简及优化、逻辑映射及布局布线，再利用产生的仿真文件进行功能和时序的验证，以确保实际系统的性能，直至对于特定目标芯片的编程下载等工作。尽管目标系统是硬件，但整个设计和修改过程如同完成软件设计一样方便和高效。设计过程分层次：先做顶层设计（总体概念设计、总体框图、抽象级别比较高的层次的设计），再做底层模块设计（子系统、子电路、接近物理实现的较低的层次的设计）。自上而下设计中可逐层描述，逐层仿真，保证满足系统指标。现代数字系统的设计流程如图7-2所示。

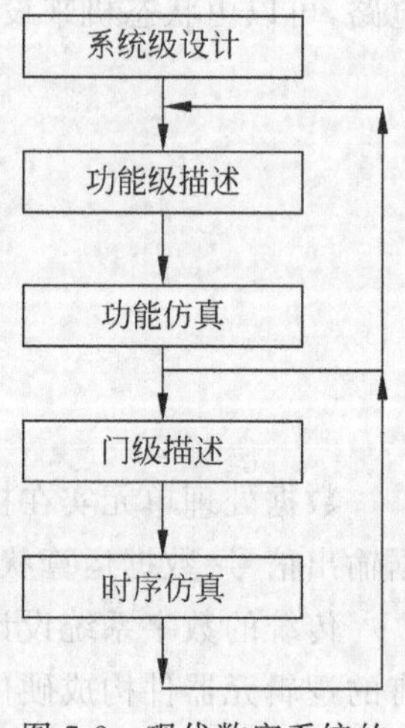

图7-2 现代数字系统的设计流程

7.2 FPGA开发设计相关规范

在项目开发中，为了保证开发的高效性、一致性、正确性，团队应当要有一个规范的设计流程。按照规范完成项目的设计开发工作，归类清晰明了的工程文件夹级别；项目应拥有良好风格和完整的文档，如设计思路与调试记录及器件选型等；代码书写高效，即统一的书写规范，文件头包含的信息完整，无论自己还是团队他人阅读能一目了然。

1. 文档命名

清晰的文档命名能够让我们思路非常清晰，所以FPGA工程文件夹的目录要求层次鲜明，归类清晰。一个工程必须要有一个严整的框架结构，用来存放相关的文档、设计，不仅方便自己查看，也提高了项目的团队工作效率。

下面我们来举例说明：

一级文件夹为工程名

二级文件夹多个：

用以存放源文件

用以存放测试文件

用来存放设计思路相关类的文件

用来存放IP核的文件

等等

2. 设计文档化

设计思路：按照项目的要求，自顶向下地分成若干模块，分别编写功能。顶层尽量只做行为描述，逻辑描述在底层编写。模块的编写要有硬件电路思维方式，尽量采用同步设计。

将自己对设计的思路和调试记录在文档中，有利于以后对模块功能的添加和维护，并且在项目联调时方便项目组其他人员读代码；也方便不同厂家的FPGA之间移植，以及

FPGA 到 ASIC 的移植。

3. 编程风格

每个模块应存在于单独的源文件中，源文件名应与其所包含的模块名相同。每个设计都应该有一个完善的文件头，包含设计者、设计时间、文件名、所属项目、模块名称及功能、修改记录及版本信息等内容。代码中的标识符采用传统 C 语言的命名方法，在单词之间用下画线分开，采用有意义，能反映对象特征、作用和性质的单词命名标识符，以此来增强程序的可读性。为避免标识符过于冗长，较长的单词可以适当的缩写。

4. 代码规范

(1) 低电平有效的信号，后缀名要用“_n”，比如低电平有效的复位信号“rst_n”。

(2) 变量名要小写，关键字大写。

(3) 变量命名应按照变量的功能用英文简洁表示出来“xxx_xxx”，避免过长。

(4) 采用大写字母定义常量参数。

(5) 时钟信号应前缀“clk”，复位信号应前缀“rst”。

(6) 对于顶层模块的输出信号尽量被寄存。

(7) 三态逻辑避免在子模块使用，可以在顶层模块使用。

(8) 连接到其他模块的接口信号按输入、输出的顺序定义端口。

(9) 一个模块至少要有一个输入、输出，避免书写空模块。

(10) if 语句嵌套不能过多。

(11) 代码中给出必要的注释。

(12) 每个文件只包含一个模块，模块名和文件名保持一致。

(13) 一般采用同步设计，避免使用异步逻辑。

(14) 一般不要将时钟信号作为数据信号的输入。

(15) 不使用不可综合的运算符。

7.3 数字系统设计实例

当设计一个结构较为复杂的系统时，通常采用层次化的设计方法，将系统划分为几个功能模块。层次化设计是分层次、分模块进行设计描述。描述器件总功能的模块放在最上层，称为顶层设计；描述器件某一部分功能的模块放在下层，称为底层设计。根据图形和硬件描述语言的特点，一般在顶层中用电路图说明各模块的连接和 I/O 关系，在底层用 VHDL 语言描述模块的逻辑功能。

顶层文件采用原理图方式，则需要在底层设计时创建各模块元件的图形符号，供顶层设计时调用。方法是在底层设计编译仿真无误后，选择菜单 file/create default symbol。顶层设计也可以采用文本方式，一般采用结构化描述方式，元件例化语句是结构化描述的典型语句。

7.3.1 交通信号灯控制电路设计

本节以交通信号灯控制电路为例说明对一个具体的数字系统应该怎么入手设计。

设计十字路口的交通灯如图 7-3 所示。有一条主干道和一条支干道的汇合点形成十字交叉路口，主干道为东西向，支干道为南北向。为确保车辆安全、迅速地通行，在交叉道口的每个入口处设置了红、绿、黄3色信号灯。

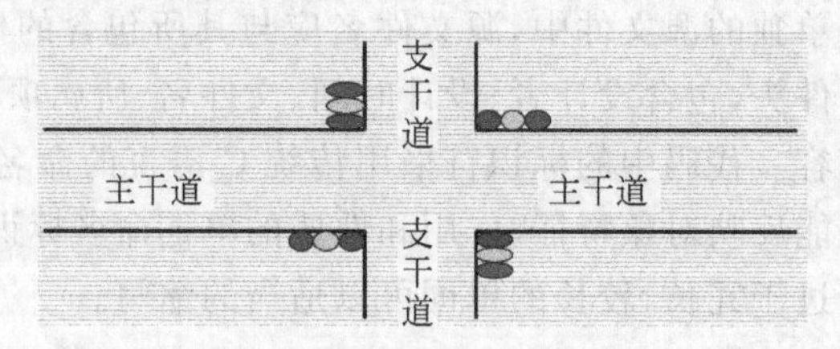

图 7-3　十字路口的交通灯

设计要求：

(1) 主干道绿灯亮时，支干道红灯亮，反之亦然。主干道每次放行35s，支干道每次放行25s。每次由绿灯变为红灯的过程中，以黄灯作为过渡，时间5s。

(2) 能实现正常的倒计时显示功能。

(3) 能实现总体清零功能；计数器由初始状态开始计数，对应状态的指示灯亮。

(4) 能实现特殊状态的功能显示；进入特殊状态时，东西、南北路口均显示红灯状态。

对于一个具体的数字系统来说通常系统设计分为以下几步：

(1) 在明确技术要求的基础上，首先制定系统的设计方案，得到系统结构图。

(2) 根据设计方案和系统结构图进行算法设计，可以画出控制系统的ASM图。

(3) 设计输入，对该系统各模块进行功能级描述。

(4) 进行系统仿真，仿真正确后将整体电路下载至FPGA进行硬件验证。

1. 在明确技术要求的基础上，制定系统的设计方案，得到系统结构图

本设计逻辑简单，系统应用广泛，作为初学者入门设计的第一个数字系统非常合适。本设计可以采用计数器配合状态机来实现，根据技术要求，用状态机进行交通灯控制器设计。可以画出系统的结构图，如图7-4所示。

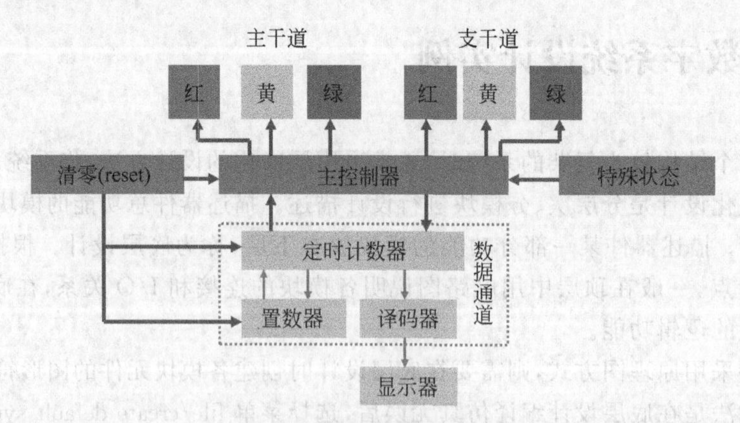

图 7-4　交通管理系统的结构图

根据交通灯的工作规则，整个系统需显示模块、计时模块和控制模块。每个方向有一组2位倒计时器模块，用以显示该方向交通灯剩余的点亮时间。控制模块是交通灯控制系统的核心，主要控制交通灯按工作顺序自动变换，同时控制倒计时模块工作，每当倒计时回零时，控制模块接收到一个计时到的信号，从而控制交通灯进入下一个工作状态。

2. 根据设计方案和系统结构图进行算法设计，可以画出控制系统的状态图

1）状态转换表

状态	主干道	支干道	时间
0	红灯亮	红灯亮	
1	绿灯亮	红灯亮	35s
2	黄灯亮	红灯亮	5s
3	红灯亮	绿灯亮	25s
4	红灯亮	黄灯亮	5s

2）根据系统结构图分析输入输出信号

输入信号：

(1) 时钟 clock；

(2) 复位清零信号 reset(reset＝1 表示系统复位)；

(3) 紧急状态输入信号 sensor1(sensor1＝1 表示进入紧急状态)；

(4) 来自定时计数器的输入信号 sensor2(由 sensor2 [2]、sensor2[1]、sensor2[0]三位组成，该信号为高电平时，分别表示 35s、5s、25s 的计时完成)。

输出信号：

(1) 主干道控制信号(red1，yellow1，green1)；

(2) 支干道控制信号(red2，yellow2，green2)；

(3) 状态控制信号 state(输出到定时计数器，分别进行 35s，25s，5s 计时)。

3）状态转移图

画出状态转移图，如图 7-5 所示。

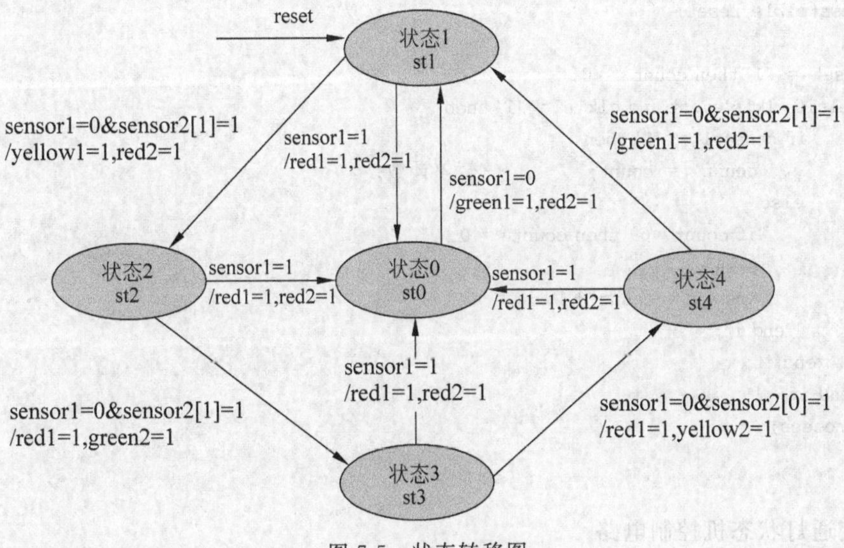

图 7-5　状态转移图

3. 系统各模块进行功能级描述

本设计采用层次化描述，以下为各模块设计程序。Quartus Ⅱ设计流程为：

(1) 首先在资源管理器下创建一个工作目录。

(2) 在 Quatus Ⅱ中创建一个工程。

(3) 子模块设计：每个模块可以用 HDL 语言描述，对每个模块进行编译、仿真，通过后生成模块符号。

(4) 顶层设计：创建一个顶层图形文件，将各模块符号放到图中，添加输入、输出引脚，连线；编译，仿真。

(5) 给输入、输出信号分配引脚，编程下载。

1) 分频电路

本例采用分频电路，生成倒计时显示的计时时钟 clk1s，还有数码管动态扫描的时钟 clk1k。其 VHDL 源程序参考第 5 章。

2) 计数器的设计

计数器的计数范围是 0～69，当计数到 69 时，下一个时钟沿返回到 0，开始下一轮计数，系统复位(reset='1')时，计数器异步清零，当检测到特殊情况(sensor1='1')时，计时器暂停计数。

例 7-1：计数器电路。VHDL 源程序如下：

```
use IEEE.std_logic_1164.all;
use IEEE.std_logic_unsigned.all;
entity counter is
port (clk1s,reset,sensor1:in std_logic; --1s 脉冲,支干道车辆检测
        count:buffer integer range 0 to 69
    );      --系统总计时
end counter;
architecture behavior of counter is
begin
process(clk1s,reset)
begin
if reset = '1' then count <= 0;
    elsif clk1s'event and clk1s = '1' then
        if sensor1 = '1' then
            count <= count;         --暂停计数
        else
            if count = 69 then count <= 0;
            else
            count <= count +1;
          end if;
        end if;
    end if;
end process;
end;
```

3) 交通灯状态机控制电路

控制电路是整个电路的主要部分，采用 VHDL 语言基于状态机的设计，就是在时钟信号的触发下，完成两项任务：

(1) 用 case 或 if…else 语句描述出状态的转移；

(2) 描述状态机的输出信号。

例 7-2：状态机控制电路。VHDL 源程序如下：

```
library IEEE;
use IEEE.std_logic_1164.all;
use IEEE.std_logic_unsigned.all;

entity kz is
port (clk1s,reset,sensor1 :in std_logic;              --1s 脉冲,车辆检测
     count:in integer range 0 to 69;                  --系统总计时
     time1:out integer range 0 to 35;                 --主干道计时
     time2:out integer range 0 to 35;                 --支干道计时
     ra ,ya ,ga ,rb ,yb ,gb : out std_logic);         --交通灯显示
end kz;
architecture one of kz is
    type states is (s0, s1, s2,s3, s4);               --状态初始化
    signal current_state,next_state : states;

begin
reg:process(clk1s,reset)
begin
if reset = '1' then current_state <= s1;
    elsif clk1s'event and clk1s = '0' then            --开始计数
     if sensor1  = '1' then
             current_state <= s0;
            else
          current_state <= next_state;
        end if;
    end if;
end process reg;
process(count,sensor1,current_state)
begin
case current_state is                                  --状态转换
    when s0 => ra<='1';ya<='1';ga<='0';rb<='1';yb<='1';gb<='0'; --不减计时
       time1<=0;
         time2<=0;
         if sensor1 = '0' then next_state <= s1;
          else
             next_state <= s0;
        end if;
when s1 => ra<='0';ya<='1';ga<='1';rb<='1';yb<='1';gb<='0'; --主干道绿灯,支干道红灯
            time1<=35-count;
                time2<=40-count;
              if  count>34 and count<=39 then next_state <= s2;
              else
              next_state <= s1;
             end if;
when s2 => ra<='1';ya<='0';ga<='1';rb<='1';yb<='1';gb<='0'; --主干道黄灯,支干道红灯
           time1<=40-count;
              time2<=40-count;
              if count>39 and count<=64 then next_state <= s3;
```

```
                else
                next_state <=  s2;
               end if;
    when s3  => ra <= '1';ya <= '1';ga <= '0';rb <= '0';yb <= '1';gb <= '1';  -- 主干道红灯,支干道绿灯
              time1 <= 70 - count;
                time2 <= 65 - count;
                if count > 64 and count <= 69 then next_state <=  s4;
                else
                next_state <=  s3;
                   end if;
    when s4  => ra <= '1';ya <= '1';ga <= '0';rb <= '1';yb <= '0';gb <= '1';  -- 主干道红灯,支干道黄灯
             time1 <= 70 - count;
                time2 <= 70 - count;
                if count >= 0 and count <= 34   then next_state <=  s1;
                else
                next_state <=  s4;
                end if;
       when others  => next_state <=  s1;
    end case;
    end process;
    end one;
```

4）分位电路

在进行译码显示之前,要将计时数分解成单独的十进制数,分别送数码管显示。例如,35 分为 3 和 5。

例 7-3：分位电路。VHDL 源程序如下：

```
library IEEE;
use IEEE.std_logic_1164.all;
use IEEE.std_logic_unsigned.all;

entity fenwei is
port
(numin:in integer range 0 to 60;
 numa,numb:out integer range 0 to 10
);
end;

architecture fen of fenwei is
signal shi:integer range 0 to 15;
begin
shi <=  4 when numin >= 40 else
       3 when numin >= 30 else
       2 when numin >= 20 else
       1 when numin >= 10 else
       0;
numb <=  numin - shi * 10;
numa <= shi;
end;
```

5）显示电路

显示电路采用的是动态扫描，数码管是共阳极的数码管。

例 7-4：显示电路。VHDL 源程序如下：

```
library IEEE;
use IEEE.std_logic_1164.all;
use IEEE.std_logic_unsigned.all;

entity xs is
port(clk1k:in std_logic;
     time1h,time1l: in integer range 0 to 9;   -- 主干道置数
     time2h,time2l:in integer range 0 to 9;    -- 支干道置数
     c:out std_logic_vector(7 downto 0);
     seg:out std_logic_vector(6 downto 0));   -- 数码管段码
end xs;
architecture one of xs is
signal num:integer range 0 to 9;
signal numsel:std_logic_vector(2 downto 0);
signal numseg:std_logic_vector(6 downto 0);
begin
sm:process (clk1k)                              -- 扫描
begin
if clk1k'event and clk1k = '1' then
        if numsel = "011" then numsel <= "000";
        else
            numsel <= numsel + 1;
        end if;
  end if;
 case numsel is
when "000"  => num <= time1h;c <= "11111110";
when "001"  => num <= time1l;c <= "11111101";
when "010"  => num <= time2h;c <= "11101111";
when "011"  => num <= time2l;c <= "11011111";
        when others  => null; --  c(3 downto 2)<= "11"; c(7 downto 6)<= "11";
end case;
end process sm;
ym:process (num,numseg)
begin
case num is
    when 0 => numseg <= "1111110";
    when 1 => numseg <= "0110000";
    when 2 => numseg <= "1101101";
    when 3 => numseg <= "1111001";
    when 4 => numseg <= "0110011";
    when 5 => numseg <= "1011011";
    when 6 => numseg <= "1011111";
    when 7 => numseg <= "1110000";
    when 8 => numseg <= "1111111";
    when 9 => numseg <= "1111011";
```

```
        when others => null;
        end case;
    end process ym;
    seg <= not numseg;
    end one;
```

6）顶层文件

图 7-6 为交通灯控制器的顶层连接图，图 7-7 为输出仿真波形。

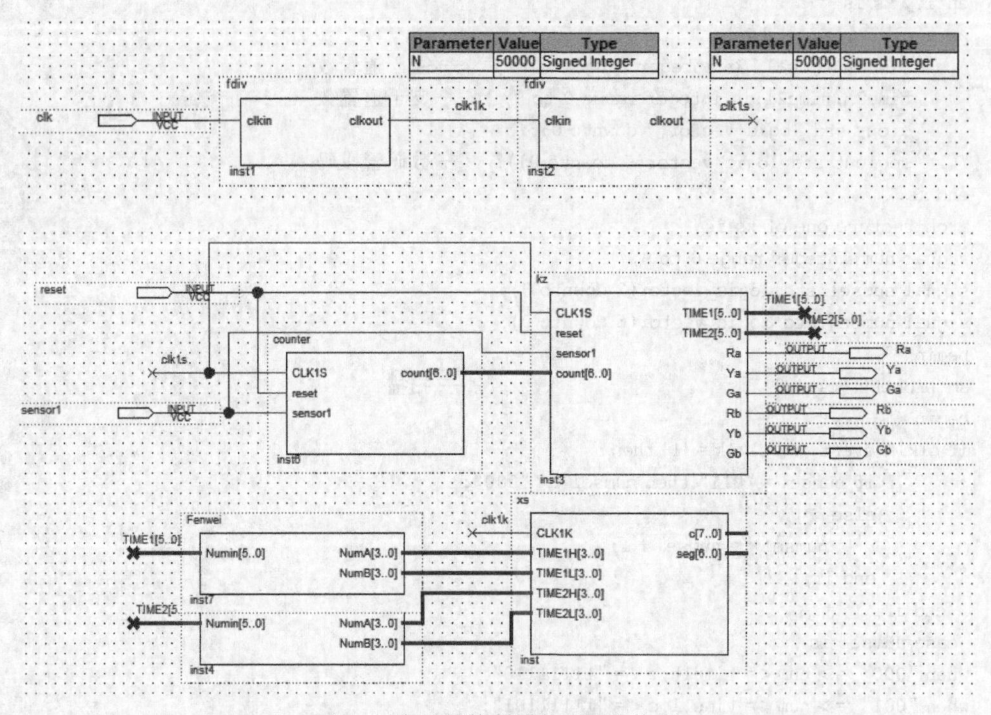

图 7-6　交通灯控制器的顶层连接图

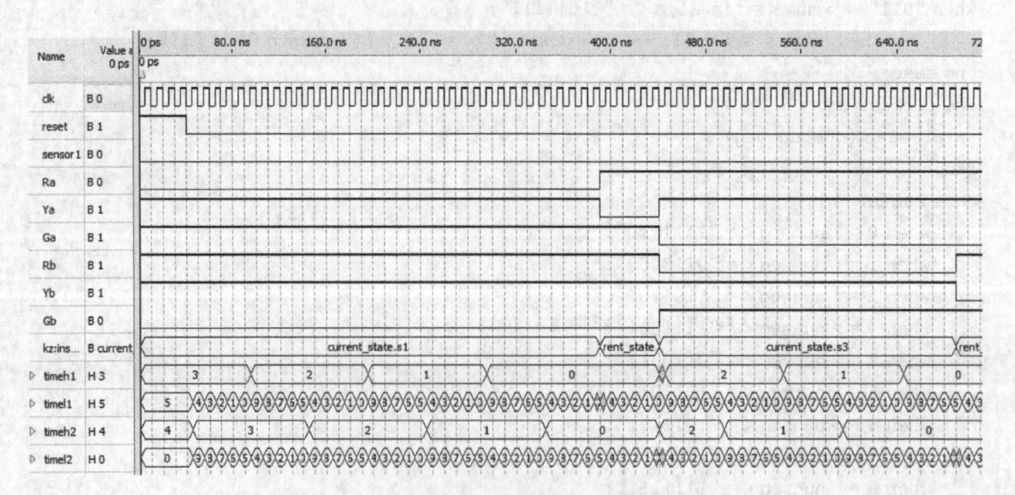

图 7-7　交通信号灯控制电路的系统仿真图

7.3.2 数字钟设计

1. 设计要求

(1) 基本计时和显示功能。

设计一个能进行时、分、秒计时的十二小时制或二十四小时制的数字钟,用数码管动态显示时钟,包括时、分、秒。

(2) 能够手动进行调时和归零。

能非常方便地对小时、分钟和秒进行手动调节以校准时间。

2. 系统设计

根据设计要求,系统可以划分为以下几个模块:

(1) 主控电路,利用状态机作为主控电路,系统有多种工作模式,每种模式当作一种状态,采用状态机进行模式的切换。

(2) 计数器模块,实现基本的计时/调时功能。

(3) 扫描显示模块,实现动态扫描、数字显示。

(4) 其他模块,例如分频模块、分位模块等,如果按键没有消抖电路,还需加上按键消抖电路。

数字钟系统框图如图 7-8 所示。

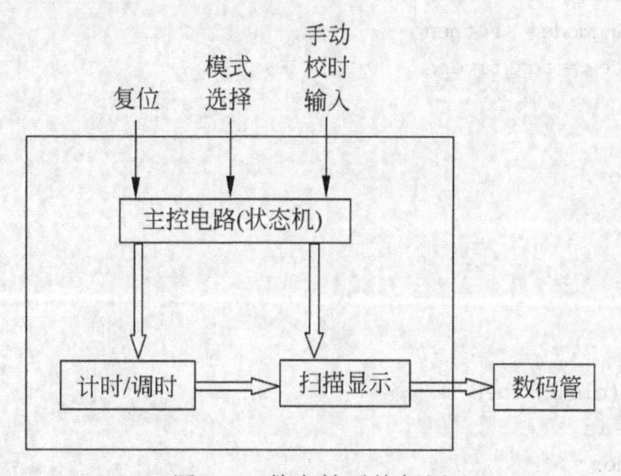

图 7-8 数字钟系统框图

3. 状态机的设计

如前所述,将每个功能模式当作一种状态,主要分为正常计时:Timer;调整当前时间:Adj_timer;状态机通过读入的按键值进行状态切换和某些特定的操作。状态机主要使用了三个按键,Changemode:切换当前功能模式(即切换状态);Adj_position:调整时间时,切换时位、分位或秒位;Adjval:调整当前所在位置的数字。

在调节时间时,增加了闪烁功能,用闪烁来表示当前正在调整的是时、分还是秒,即当 Adj_position =1 时,通过 Pos 的自加来改变当前所闪烁的位置。

例 7-5:状态机的参考程序。

```
library IEEE;
use IEEE.std_logic_1164.all;
```

```
entity statemanchine is
port
(clock:in std_logic;
changmode:in std_logic;
 adjposition:in std_logic;
 adjval:in std_logic;
 command:buffer std_logic;      --状态指示
 adjbotton:out std_logic_vector(2 to 0);
flash:out std_logic_vector(2 to 0)
);
end;

architecture mealymanchine of statemanchine is
type state_type is (timer,adj_timer);
signal state:state_type;
signal pos:integer range 0 to 3;
begin
  process(clock)
begin
  if rising_edge(clock) then
        case state is
          when timer =>
            if changmode = '1' then
              state <= adj_timer;
          end if;
    when other =>
      state <= timer;
        end case;
        end if;
    end process;
   process(clock)
   begin
     if rising_edge(clock) then
        case state is
          when timer =>
           command = '0';
           pos <= 0;
           when adj_timer =>
    if command = '0' then
        pos <= 1;
    else
      if adjposition = '1' then
        if pos = 3 then
              pos <= 1;
            else
          pos <= pos + 1;
             end if;
           end if;
        end if;
```

```
        command <= '1';
      when others =>
        pos <= 0;
        command <= '0';
           end case;

        case pos is
         when 0 =>
         flash <= "000"
      adjbotton <= "000";
       when 1 >=
        flash <= "100";
       if  adjval = '1' then
         adjbotton <= "100";
          else
          adjbotton <= "000";
          end if;
       when 2 >=
        flash <= "010";
       if  adjval = '1' then
         adjbotton <= "010';
          else
          adjbotton <= "000";
          end if;
       when 3 >=
        flash <= "001";
       if  adjval = '1' then
         adjbotton <= "001';
          else
          adjbotton <= "000";
          end if;
           when others =>
        flash <= "000";
        adjbotton <= "000";
       end case;
       end if;
   end process;
  end;
```

4. 计时/调时模块

计时/调时模块是系统的关键部分，但程序设计相对简单，只需根据状态机完成相应的计时和调时的操作。

例 7-6：计时/调时程序。

```
library IEEE;
use IEEE.std_logic_1164.all;
entity digitalclock is
port
```

```
(clock:in std_logic;                        -- 接 10MHz 时钟
 en:in std_logic;                           -- EN = 1 表示调时,EN = 0 表示计时
  adjusth,adjustm,adjusts::in std_logic;
 second,minute: buffer integer range 0 to 59;
 hour: buffer integer range 0 to 23 );
end;
architecture behavior of digitalclock is
signal timecount:integer range 0 to 9;
begin
  process(clock)
begin
  if rising_edge(clock) then
   if en = '1' then
     elsif adjustH = '1' then
       if hour = 23 then
        hour < = 0;
      else
          hour < = hour + 1;
      end if;
   elsif adjustM = '1' then
       if minute = 59 then
        minute < = 0;
      else
          minute < = minute + 1;
      end if;
   elsif adjustS = '1' then
         second < = 0;
else
  if(timecount = 9) then
     timecount < = 0;
    if(second = 59) then
     second < = 0;
       if(minute = 59) then
          minute < = 0;
       if(hour = 23) then
          hour < = 0;
           else
              hour < = hour + 1;
            end if;
          else
           minute < = minute + 1;
           end if;
          else
          second < = second + 1;
          end if;
         else
        timecount < = timecount + 1;
        end if;

     end if;
```

```
    end if;
   end process;
  end;
```

5. 分位电路模块

分位电路是在进行译码显示之前,要将计时数分解成单独的十进制数,然后分别送数码管显示。

例 7-7:分位电路参考程序。

```
library IEEE;
use IEEE.std_logic_1164.all;
use IEEE.std_logic_unsigned.all;

entity fenwei is
port
(numin:in integer range 0 to 60;
 numa,numb:out integer range 0 to 10
);
end;

architecture fen of fenwei is
signal shi:integer range 0 to 15;
begin
shi <= 10 when numin = 60 else
         5 when numin >= 50 else
         4 when numin >= 40 else
         3 when numin >= 30 else
         2 when numin >= 20 else
         1 when numin >= 10 else
         0;
numb <= 10 when (numin = 60) else
   numin - shi * 10;
numa <= shi;
end;
```

6. 扫描显示模块

本设计的数码显示采用动态扫描方式。

例 7-8:扫描显示模块程序。

```
library IEEE;
use IEEE.std_logic_1164.all;
use IEEE.std_logic_unsigned.all;

entity displayscan is
port
(clock:in std_logic;
 flash:in std_logic_vector(2 downto 0);
```

```
 numa,numb,numc,numd,nume,numf:in integer range 0 to 10;
 scansignal:out std_logic_vector(0 to 5);
 display:out std_logic_vector(0 to 6)
);
end;

architecture scaner of displayscan is
signal timecount:integer range 0 to 5;
signal timeout:integer range 0 to 511;
signal number:integer range 0 to 10;
begin
  process(clock)
  begin
  if rising_edge(clock) then
if timecount = 5 then
       timecount <= 0;
    else
       timecount <= timecount + 1;
    end if;
    if timeout = 511 then
       timeout <= 0;
    else
       timeout <= timeout + 1;
    end if;

case timecount is
     when 0 => scansignal <= "100000";
     if ((flash(2) = '1')and(timeout > 300)) then
        number <= 10;
     else
        number <= numa;
     end if;
     when 1 => scansignal <= "010000";
     if ((flash(2) = '1')and(timeout > 300)) then
        number <= 10;
     else
        number <= numb;
     end if;
     when 2 => scansignal <= "001000";
     if ((flash(1) = '1')and(timeout > 300)) then
        number <= 10;
     else
        number <= numc;
     end if;
     when 3 => scansignal <= "000100";
     if ((flash(1) = '1')and(timeout > 300)) then
        number <= 10;
     else
        number <= numd;
     end if;
```

```
        when 4 => scansignal <= "000010";
        if ((flash(0) = '1')and(timeout > 300)) then
            number <= 10;
        else
            number <= nume;
        end if;
        when 5 => scansignal <= "000001";
        if ((flash(0) = '1')and(timeout > 300)) then
            number <= 10;
        else
            number <= numf;
        end if;
    end if;
    end process;
    with number select
        display <= "1111110" when 0,
                   "0110000" when 1,
                   "1101101" when 2,
                   "1111001" when 3,
                   "0110011" when 4,
                   "1011011" when 5,
                   "1011111" when 6,
                   "1110000" when 7,
                   "1111111" when 8,
                   "1111011" when 9,
                   "0000000" when others;
    end;
```

7. 顶层模块设计

顶层模块如图 7-9 所示，其中应用了两个时钟，状态机和计时模块采用 10Hz 的时钟，扫描显示采用 1kHz 时钟，三个按键分别是 button1、button2、button3。

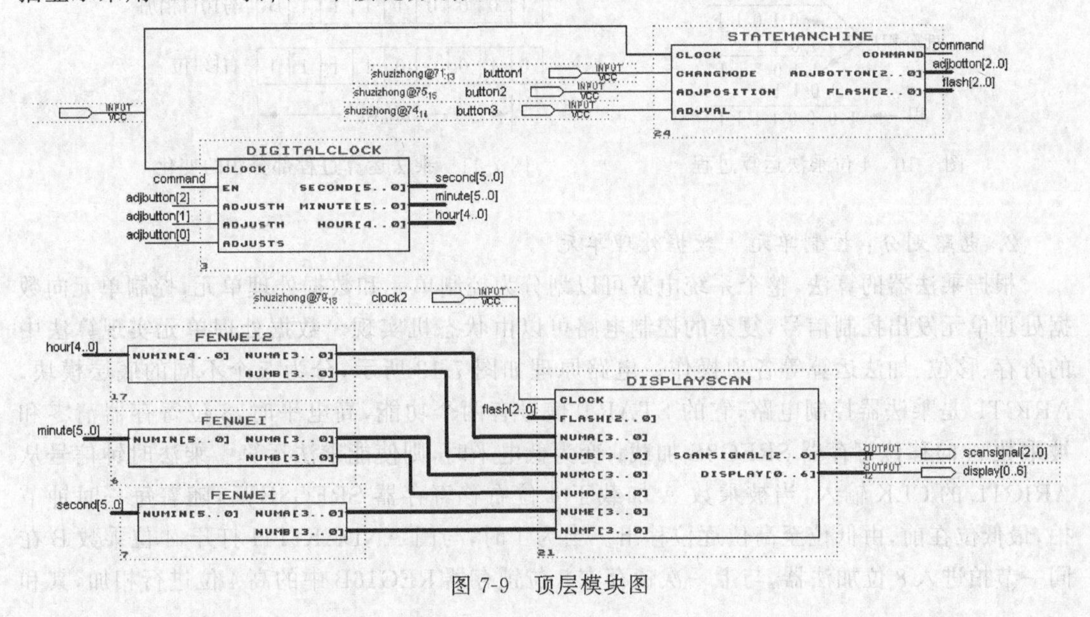

图 7-9 顶层模块图

7.3.3 4位乘法器的设计

数字电路中,算术运算单元是数字系统的重要组成部分,算术运算主要有加、减、乘、除,其中加法器是基本的算术单元,其他算术单元都可以由加法器附加其他模块来实现。组合逻辑构成的乘法器占用硬件资源多,难以实现多位乘法器,不实用。运用时序逻辑方式设计由加法器构成的乘法器具有一定的实用价值。下面介绍4位乘法器的设计实现。

1. 算法设计

设A=1011,B=1101,则乘法运算过程和运算结果如图7-10所示。

乘法原理:乘法通过逐项相加移位原理实现,乘法运算可分解为加法和移位两种操作。在运算过程中,若B某一位$B_i=1$,部分积P与A相加后右移1。若某一位$B_i=0$,则部分积P与0相加后右移1,这相当于只移位不累加。通过4次的累加和移位,最终的部分积P即为A与B的乘积。为了进一步理解乘法器的算法,将运算过程部分积的变化用图7-11表示。

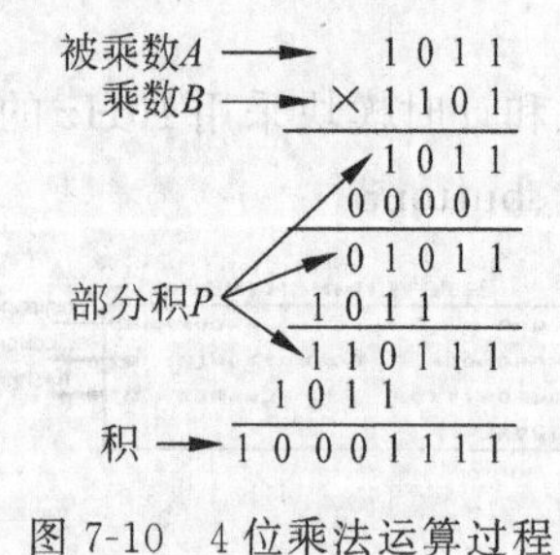

图7-10 4位乘法运算过程

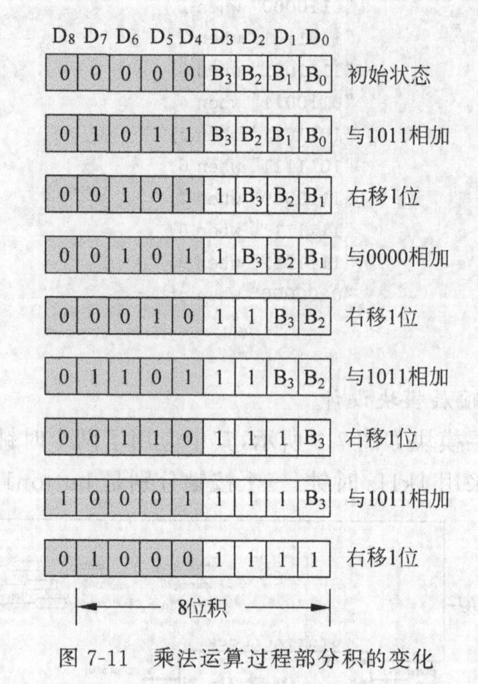

图7-11 乘法运算过程部分积的变化

2. 电路划分:控制单元+数据处理单元

根据乘法器的算法,整个系统电路可以划分为控制单元和数据处理单元,控制单元向数据处理单元发出控制信号,复杂的控制电路可以由状态机实现。数据处理单元实现算法中的寄存、移位、加法运算等各项操作。电路原理如图7-12所示,分为5个不同的底层模块。ARICTL是乘法器控制电路,它的START信号有两个功能,高电平时,8位寄存器清零和被乘数A向移位寄存器SREG8B加载;变为低电平时,则使能乘法运算。乘法时钟信号从ARICTL的CLK输入,当被乘数A加载于4位右移寄存器SREG8B后,随着每一时钟节拍,最低位在前,由低位至高位逐位移出。当为1时,与门ANDARITH打开,4位乘数B在同一节拍进入8位加法器,与上一次锁存在8位锁存器REG16B中的高4位进行相加,其和在下一时钟节拍的上升沿被锁进此锁存器。而当被乘数移出位为 0 时，与门全零输出。如此循环，直至 4 个时钟脉冲后，由 ARICTL 控制，乘法运算过程自动中止，乘法结束。此时，REG16B 的输出值即为最后乘积结果。

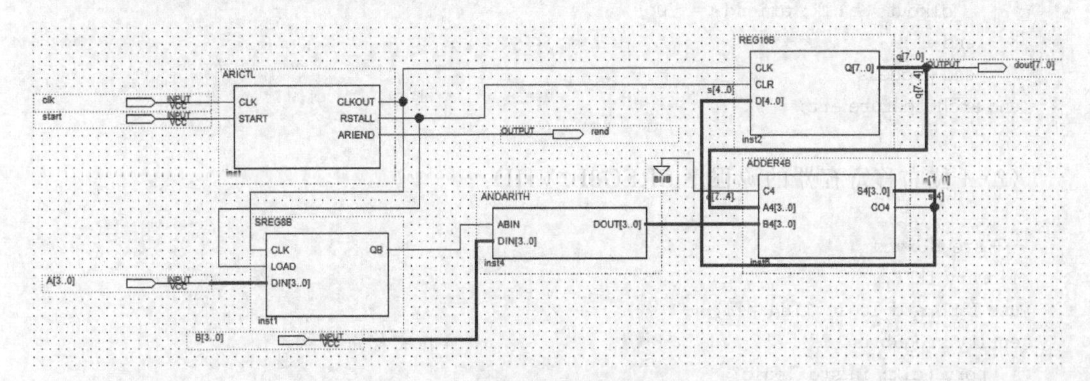

图 7-12　乘法器电路原理

(1) 乘法运算控制器的源程序 ARICTL. VHD:

```
--arictl.vhd
library IEEE;
use IEEE.std_logic_1164.all;
use IEEE.std_logic_unsigned.all;
entity arictl is                                    --乘法运算控制器
  port(clk: in std_logic;
       start: in std_logic;
       clkout: out std_logic;
       rstall: out std_logic;
       ariend: out std_logic);
end entity arictl;
architecture art of arictl is
  signal cnt4b: std_logic_vector(3 downto 0);
  begin
  rstall <= start;
  process(clk, start) is
    begin
    if start = '1' then cnt4b <= "0000";  --高电平清零计数器
    elsif clk'event and clk = '1' then
      if cnt4b < 4 then                   --小丁则计数,等于 4 表明乘法运算已经结束
        cnt4b <= cnt4b + 1;
      end if;
    end if;
  end process;
process (clk, cnt4b, start) is
    begin
    if start = '0' then
      if cnt4b < 4 then                   --乘法运算正在进行
         clkout <= clk; ariend <= '0';
      else
```

```
            clkout <= '0';  ariend <= '1';          --运算已经结束
          end if;
        else
          clkout <= clk; ariend <= '0';
        end if;
        end process;
end architecture art;
```

(2) 4位右移寄存器的源程序 SREG8B. VHD:

```
--sreg8b.vhd
library IEEE;
use IEEE.std_logic_1164.all;
entity sreg8b is                                    --4位右移寄存器
    port (clk: in std_logic;
          load: in std_logic;
          din: in std_logic_vector(3 downto 0);
          qb: out std_logic   );
end entity sreg8b;
architecture art of sreg8b is
  signal reg8b: std_logic_vector(3 downto 0);
begin
    process (clk, load) is
    begin
    if clk'event and clk = '1' then
     if load = '1' then reg8b <= din;               --装载新数据
     else reg8b(2 downto 0)<= reg8b(3 downto 1);    --数据右移
     end if;
    end if;
    end process;
    qb <= reg8b(0);                                 --输出最低位
end architecture art;
```

(3) 选通与门模块的源程序 ANDARITH. VHD:

```
--andarith.vhd
library IEEE;
use IEEE.std_logic_1164.all;
entity andarith is                                  --选通与门模块
   port(abin: in std_logic;                         --与门开关
        din: in std_logic_vector (3 downto 0);      --4位输入
        dout: out std_logic_vector (3 downto 0));   --4位输出
end entity andarith;
architecture art of andarith is
   begin
   process (abin, din) is
   begin
     for i in 0 to 3 loop              --循环,分别完成4位数据与1位控制位的与操作
       dout (i)<= din (i)and abin;
```

```
    end loop;
  end process;
end architecture art;
```

(4) 8位寄存器的源程序 REG16B. VHD：

```
-- reg16b.vhd
library IEEE;
use IEEE.std_logic_1164.all;
entity reg16b is                                    --16位锁存器
  port(clk: in std_logic;                           --锁存信号
       clr: in std_logic;                           --清零信号
       d: in std_logic_vector (4 downto 0);         --5位数据输入
       q: out std_logic_vector(7 downto 0));        --8位数据输出
end entity reg16b;
architecture art of reg16b is
  signal r16s: std_logic_vector(7 downto 0);        --8位寄存器设置
  begin
  process (clk, clr) is
    begin
    if clr = '1' then
      r16s <= "00000000";                           --异步复位信号
    elsif clk'event and clk = '1' then              --时钟到来时,锁存输入值
      r16s(2 downto 0)<= r16s(3 downto 1);          --右移低4位
      r16s(7 downto 3)<= d;                         --将输入锁到高能位
    end if;
  end process;
  q<= r16s;
end architecture art;
```

(5) 4位二进制并行加法器的源程序 ADDER4B. VHD：

```
-- adder4b.vhd
library IEEE;
use IEEE.std_logic_1164.all;
use IEEE.std_logic_unsigned.all;
entity adder4b is                                   --4位二进制并行加法器
  port(c4: in std_logic;                            --低位来的进位
       a4: in std_logic_vector(3 downto 0);         --4位加数
       b4: in std_logic_vector(3 downto 0);         --4位被加数
       s4: out std_logic_vector(3 downto 0);        --4位和
       co4: out std_logic);                         --进位输出
end entity adder4b;
architecture art of adder4b is
  signal s5: std_logic_vector(4 downto 0);
  signal a5, b5: std_logic_vector(4 downto 0);
  begin
    a5 <= '0'& a4;                                  --将4位加数矢量扩为5位,为进位提供空间
    b5 <= '0'& b4;                                  --将4位被加数矢量扩为5位,为进位提供空间
```

```
        s5 <= a5 + b5 + c4;
        s4 <= s5(3 downto 0);
        co4 <= s5(4);
    end architecture art;
```

系统仿真结果如图 7-13 所示。从仿真结果可以看出，从启动乘法运算开始(START='0')，要经过 4 个时钟周期后才得到一个乘法结果(REND='1')，并且当输入 A=8，B=8，乘积输出 DOUT 应为 64，而实际仿真输出为 64，因此仿真结果是正确的，下一步可以使用 EDA 实验开发系统进行硬件逻辑验证。各个模块的时序仿真和结果分析，请读者自己完成。

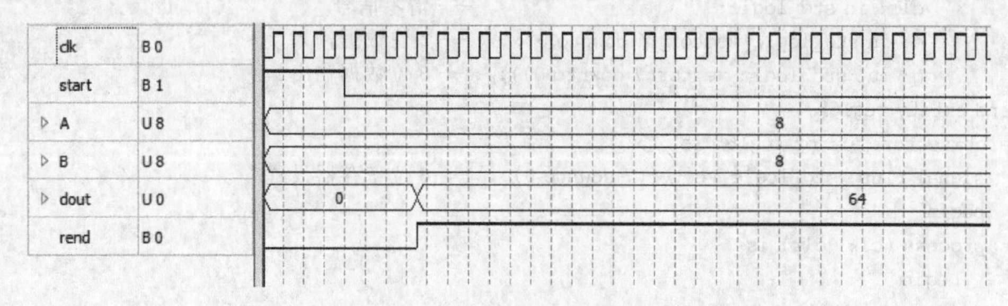

图 7-13　4 位乘法器仿真结果

本节介绍的移位相加乘法器通过增加寄存器的容量和计数器的位数，可以很容易地扩展到 8 位或 16 位以及更多位数的乘法器，方便读者灵活设计应用。此乘法器的优点是节省芯片资源，它的核心元件只是一个 4 位加法器，其运算速度取决于输入的时钟频率。若时钟频率为 100MHz，则每一运算周期仅需 40ns。而若利用 12MHz 晶振的 51 单片机的乘法指令，进行 4 位乘法运算，运算周期就长达 2μs。因此，可以利用此乘法器或相同原理构成的更高位乘法器完成一些数字信号处理方面的运算。

第8章

EDA技术实验

EDA技术实验是学习EDA技术非常重要的一个环节。EDA技术是实践性比较强的工程技术课程,只有通过实践才能真正理解相关概念,熟悉有关操作,掌握有关设计技巧。本章包括基础性和综合性的EDA技术实验,并给出了用于撰写实验报告参考的实验报告范例。

8.1 基础实验

实验一 组合逻辑电路设计

1. 实验目的

(1) 熟悉Quartus Ⅱ开发环境和流程。

(2) 熟悉DE2开发平台的使用方法。

(3) 掌握组合逻辑电路的设计方法。

2. 实验内容

设计一个数据分配器,电路框图如图8-1所示。A为数据地址输入端,Dout7、Dout6、…、Dout0为数据输出端,EN为使能信号输入端。电路功能如表8-1所示。

3. 实验要求

(1) 利用VHDL语言编程,利用软件进行功能仿真。

(2) 编程下载到DE2开发平台,硬件测试设计的功能。

注意:3个拨码开关作为地址数据输入端,1个拨码开关或者低频时钟信号作为二进制数据输入端,1个拨码开关作为使能控制键,高电平允许修改输入数据,低电平对数据锁存。LED指示灯作为输出。

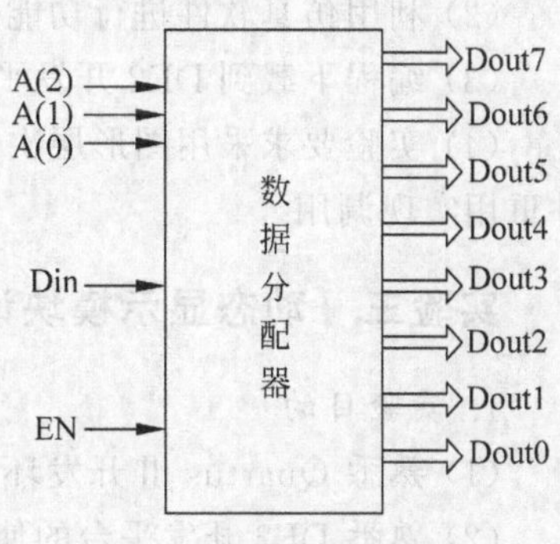

图8-1 数据分配器框图

表 8-1 数据分配器功能表

输入			输出							
地址 A(2~0)	数据 Din	使能 EN	Dout7	Dout6	Dout5	Dout4	Dout3	Dout2	Dout1	Dout0
XXX	XXX	0	保持	保持	保持	保持	保持	保持	保持	保持
000	Din	1	Din	保持	保持	保持	保持	保持	保持	保持
001	Din	1	保持	Din	保持	保持	保持	保持	保持	保持
010	Din	1	保持	保持	Din	保持	保持	保持	保持	保持
⋮										
111	Din	1	保持	保持	保持	保持	保持	保持	保持	Din

实验二 分频电路设计

1. 实验目的

(1) 熟悉 Quartus Ⅱ 开发环境和流程。

(2) 熟悉 DE2 开发平台的使用方法。

(3) 掌握分频电路的设计方法。

2. 实验内容

利用 VHDL 语言，设计一个输入 50MHz 脉冲，分频后能产生 500kHz、5kHz、50Hz、1Hz 时钟脉冲产生电路。电路框图如图 8-2 所示。

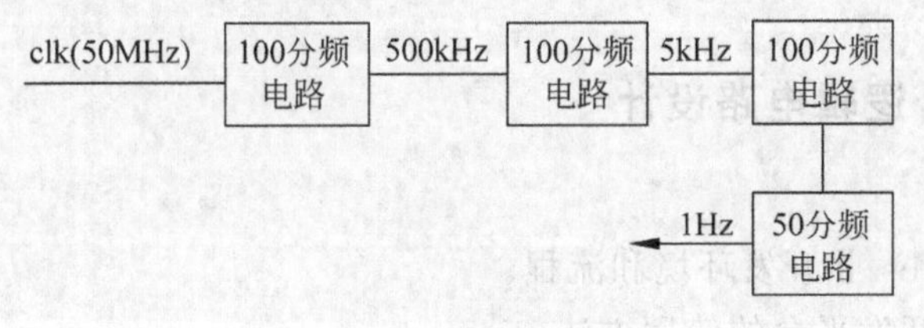

图 8-2 分频电路框图

3. 实验要求

(1) 利用 VHDL 语言编程。

(2) 利用仿真软件进行功能仿真。

(3) 编程下载到 DE2 开发平台，利用示波器及开发平台外围电路进行验证。

(4) 实验要求采用图形层次化设计。将 100 分频器和 50 分频器分别做成元件，利用元件重用实现调用。

实验三 动态显示模块设计

1. 实验目的

(1) 熟悉 Quartus Ⅱ 开发环境和流程。

(2) 熟悉 DE2 开发平台的使用方法。

(3) 掌握动态显示电路的设计方法。

2. 实验内容

(1) 动态显示时钟设置为100Hz,完成在8位数码管输出8组数值的显示电路设计,一个4位的BCD码(或二进制码)经过七段译码电路后,可以在8位数码管上显示出0~9的数字。

(2) 编程下载到DE2开发平台,利用开发平台及动态显示模块电路进行验证。

3. 实验要求

(1) 数码管显示电路硬件连接关系如图8-3所示。

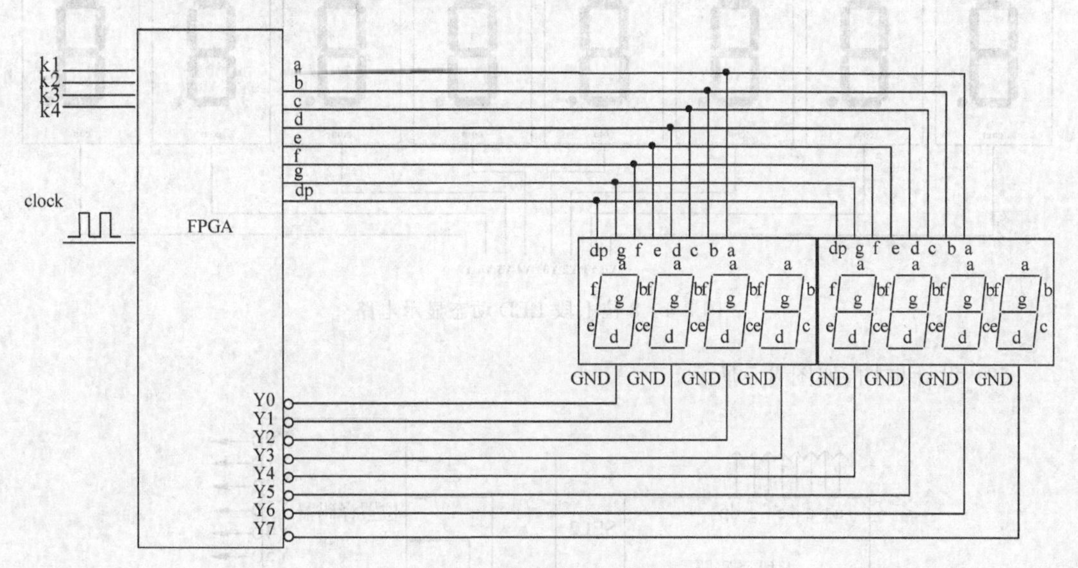

图8-3 数码管显示电路

设计一个动态显示驱动模块,完成在8位数码管显示数据的功能。显示的数据通过输入端口送入。其中输入时钟信号为clock,待显示的数据通过k1、k2、k3、k4输入实现,输出位选信号有Y0~Y7,七段译码信号输出为a、b、c、d、e、f、g、dp。FPGA实现动态显示接口电路如图8-4所示。

(2) 动态显示电路工作原理:

多位七段数码管可以显示多位十进制(或十六进制)数字,在多位七段数码管显示驱动电路设计时,为了简化硬件电路,通常将所有位的各个相同段选线对应并接在一起,形成段选线的多路复用。各位数码管的共阳极或共阴极分别由各自独立的位选信号控制,顺序循环地选通(即点亮)每位数码管,这样的数码管驱动方式就称为动态扫描。在这种方式中,虽然每一短暂时间段只选通一位数码管,但由于人眼具有一定的视觉残留,只要延时时间设置恰当,实际感觉到的会是多位数码管同时被点亮。

8位七段LED(另有一段dp为小数点段)动态显示器原理图如图8-4所示。其中段选线(a~g,dp)占用8位I/O口,位选线(Y0~Y7)占用8位I/O口。由于各位的段选线并联,段选码的输出对各位来说都是相同的。因此,同一时刻,如果各位位选线都处于选通状态,8位LED将显示相同的字符。若要各位LED能够显示出与本位相对应的字符,就必须采用扫描显示方式,即在某一位的位选线处于选通状态时,其他各位的位选线处于关闭状态,这样,8位数码管中只有选通的那一位显示出字符,而其他位则是熄灭的。同样,在下一时刻,只让下一位的位选线处于选通状态,而其他的位选线处于关闭状态。如此循环下去,就可以使各位“同时”显示出将要显示的字符。

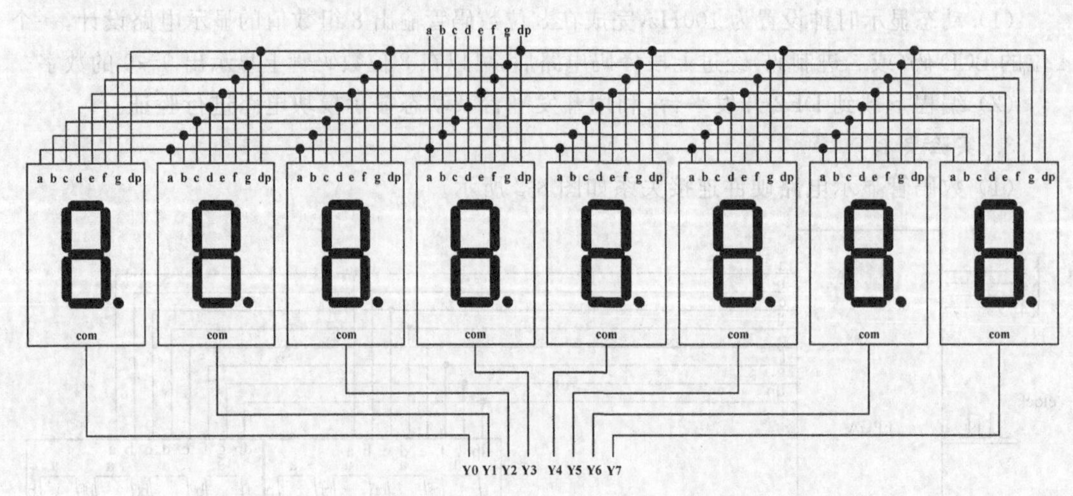

图 8-4 8 位七段 LED 动态显示电路

(3) 设计框图，如图 8-5 所示。

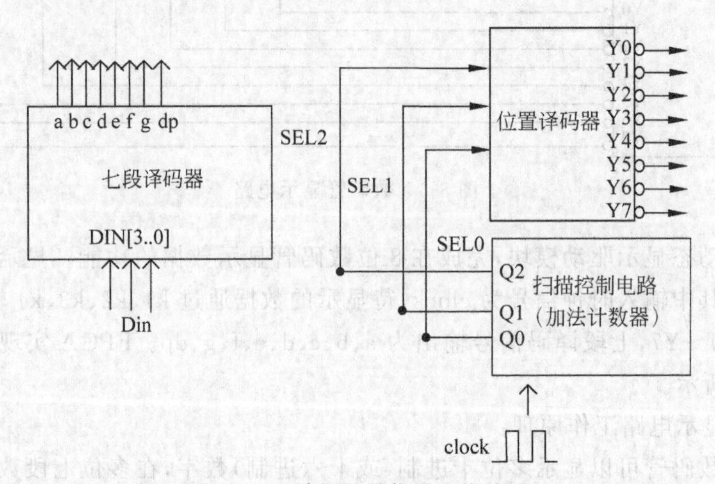

图 8-5 设计框图及信号连接关系

根据动态显示电路的原理分析，在 FPGA 中需要完成以下模块电路。

① 扫描控制电路(加法计数器)：给位选电路提供控制信号，用模 8 加法计数器实现。

② 位置译码器：通过扫描控制电路传输来的信号，输出位选择信号，输出信号低电平有效，用于位选控制。

③ 七段译码电路：将数据选择器传送给七段译码器的输入信号进行七段译码，输出高电平有效。

实验四 4×4 阵列键盘扫描模块设计

1. 实验目的

(1) 熟悉 Quartus Ⅱ开发环境和流程。

(2) 熟悉 DE2 开发平台的使用方法。

(3) 掌握阵列键盘扫描电路的设计方法。

2. 实验内容

利用4×4键盘电路及数码管静态显示电路,连接DE2开发平台的GPIO口,构成键盘输入及显示硬件电路。每按下一个数字键,就输入一个数值,并在七段数码管显示器上显示该数值。按下 * 键清零;按下 # 键,表明该组数据输入结束,且数据在数码管上完整显示。

编程下载到DE2开发平台,利用开发平台及外围电路进行验证。

3. 设计提示

实验中要用到4×4键盘,系统需要完成4×4键盘的扫描,确定有键按下后需要获取其键值,根据预先存放的键值表,逐个进行对比,从而进行按键的识别,并将相应的按键值进行显示。键盘扫描的实现过程如下:对于4×4键盘,通常连接为4行、4列,因此要识别按键,只需要知道是哪一行和哪一列即可,为了完成这一识别过程,首先输出4列中的第一列为低电平,其他列为高电平,然后读取行值;再输出4列中的第二列为低电平,读取行值,以此类推,不断循环。系统在读取行值时会自动判断,如果读进来的行值全部为高电平,则说明没有按键按下;如果发现读进来的行值不全为高电平,则说明键盘整列中至少有一个按键按下,读取此时的行值和当前的列值,即可判断当前的按键位置。获取到行值和列值以后,组合成一个8位的数据,根据实现不同的编码对每个按键进行匹配,找到键值后在七段码管显示。

DE2引脚说明见附录。

实验五 状态机电路设计

1. 实验目的

(1) 熟悉Quartus Ⅱ开发环境和流程。

(2) 熟悉DE2开发平台的使用方法。

(3) 掌握状态机电路的设计方法。

2. 实验内容

利用DE2平台完成如下功能:当RESET输入信号为高电平,全部指示灯灭;当RESET为低电平,四个指示灯依次点亮1s、3s、5s、10s且循环工作。利用数码管显示计时状况数据。电路功能如表8-2所示。

表8-2 状态机电路设计表格

时间/s	指示灯0	指示灯1	指示灯2	指示灯3
1	1	0	0	0
3	0	1	0	0
5	0	0	1	0
10	0	0	0	1
1	1	0	0	0

3. 实验要求

依据任务要求,画出状态转换图,编程、仿真,并下载到实验平台。

8.2 综合设计应用实验

实验一 计时秒表

1. 实验目的

(1) 具备用 VHDL 设计数字系统的初步能力。

(2) 熟悉开发环境和流程。

(3) 掌握计数器用法。

2. 实验任务和要求

(1) 设计一个计时秒表,用数码管显示计时值,具有启停开关,用于开始/结束计时操作。

(2) 秒表计时长度为 59 分 59.99 秒,超过计时长度,有溢出则报警。

(3) 设置复位开关,秒表都无条件进行复位清零操作。

实验二 数字频率计

1. 实验目的

(1) 具备用 VHDL 设计数字系统的初步能力。

(2) 熟悉开发环境和流程。

(3) 掌握频率计的设计用法。

2. 实验任务和要求

根据频率计的测频原理,即在闸门时间内,对输入信号进行计数。

(1) 设计一个 4 位数字显示的频率计,用数码管显示频率值。

(2) 测量范围为 1～9999Hz,超过时,有溢出则报警。

(3) 设置复位开关,无条件进行复位清零操作。

3. 扩展要求

增大频率的测量范围到 1MHz,量程分为 10kHz、100kHz 和 1MHz 三挡,并且量程能够自动转换。

4. 设计说明

参考设计框图如图 8-6 所示,主要分为 3 部分:控制部分(控制信号主要有闸门信号、锁存信号、清零信号);计数部分;锁存器及显示部分。

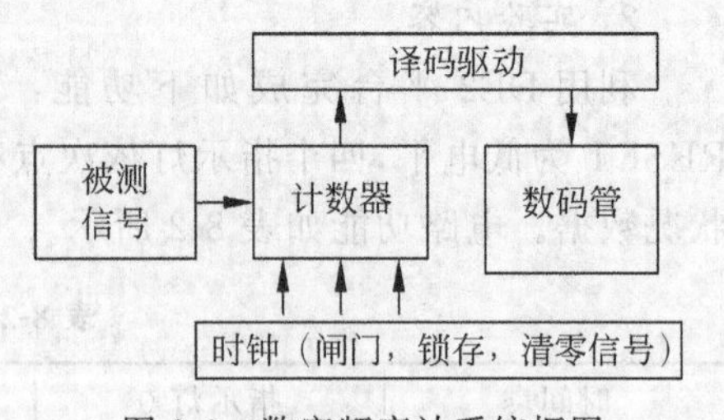

图 8-6 数字频率计系统框图

实验三 交通灯控制器

1. 实验目的

(1) 具备用 VHDL 设计数字系统的初步能力。

(2) 熟悉开发环境和流程。

(3) 掌握交通灯控制器的设计用法。

2. 实验任务和要求

(1) 设计一个十字路口的交通管理系统，并用 VHDL 进行描述。两个方向上各设一组红、绿、黄灯，显示顺序为其中一方向(东西方向)是绿灯、黄灯、红灯；另一方向(南北方向)是红灯、绿灯、黄灯。

(2) 设置一组数码管，以倒计时的方式显示允许通行或禁止通行的时间，其中绿灯、黄灯、红灯的持续时间分别为 20s、5s 和 25s。

(3) 当各条路上出现特殊情况时，如消防车、救护车或其他优先放行的车辆通过时，各个方向上均是红灯亮，倒计时停止，且显示数字在闪烁。特殊运行状态结束后，恢复原来状态，继续正常运行。

(4) 用两组数码管实现双向倒计时显示。

3. 设计说明

参考设计框图如图 8-7 所示。

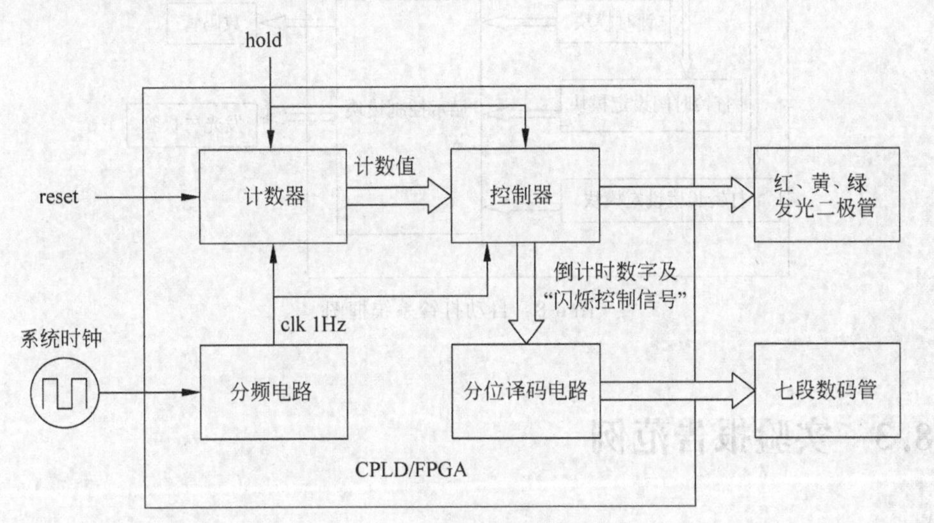

图 8-7 交通灯控制器系统框图

实验四 自动打铃系统

1. 实验目的

(1) 具备用 VHDL 设计数字系统的初步能力。

(2) 熟悉开发环境和流程。

(3) 掌握多功能数字钟的设计用法。

2. 实验任务和要求

(1) 基本计时和显示功能：包括一个能进行时、分、秒计时的十二小时制。

(2) 能非常方便地对时、分和秒进行手动设置。

(3) 基本打铃功能：根据设定的打铃时刻，产生打铃指示(铃声可以用 LED 显示)。

上午起床铃：06:00，打铃 5s，停 2s，再打铃 5s。

晚上熄灯铃：10:00，打铃 5s，停 2s，再打铃 5s。

3. 扩展要求

(1) 增加整点报时功能。

(2) 增加调整打铃时间长短的功能。

4. 设计说明

参考设计框图如图 8-8 所示。

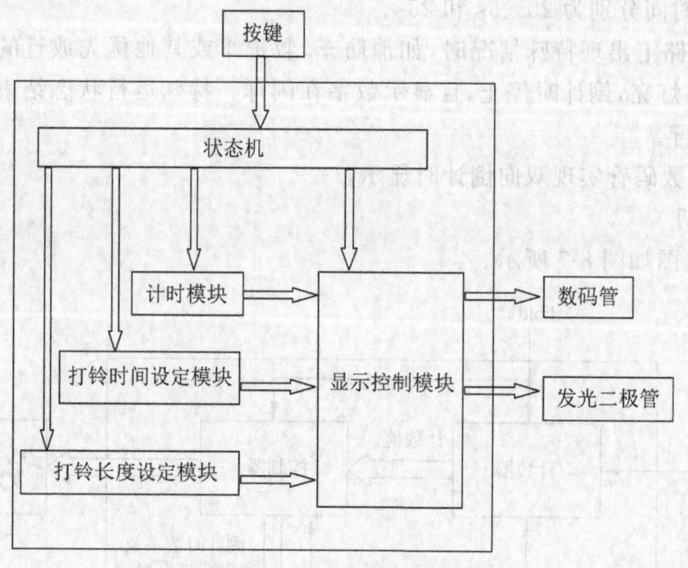

图 8-8 自动打铃系统框图

8.3 实验报告范例

实验报告的内容一般包括：

一、实验目的

二、实验主要仪器和设备

三、实验内容

四、实验步骤

五、实验结果分析及结论

注：一至三项内容为实验预习内容，学生须在进实验室之前完成。

××××大学
××学院

实验报告

课 程 名 称 EDA技术

实验项目名称

实验学生班级

实验学生姓名

实 验 时 间

实 验 地 点

实验成绩评定

指导教师签字

年 月 日

下面以实验一给出实验报告的范例，以供参考。

一、实验目的

此处填写实验目的。

二、实验主要仪器和设备

1. 计算机及操作系统；

2. Quartus Ⅱ软件；

3. 编程电缆(可选)。

三、实验内容

设计一个数据分配器，电路框图如图 8-9 所示。A 为数据地址输入端，Dout7、Dout6、…、Dout0 为数据输出端，EN 为使能信号输入端。电路功能如表 8-3 所示。

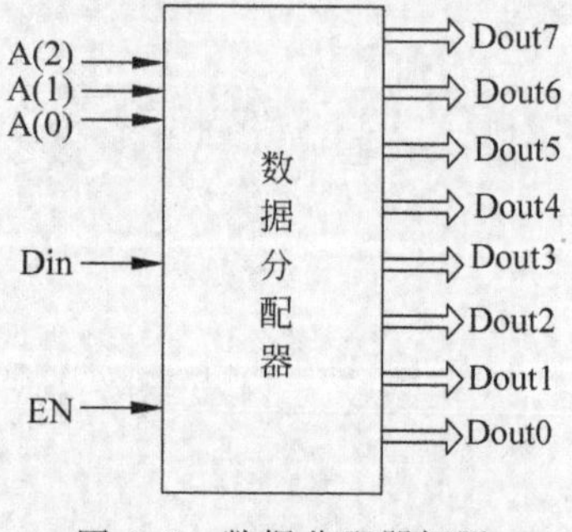

图 8.9　数据分配器框图

表 8-3　数据分配器功能表

输　入			输　出							
地址 A(2～0)	数据 Din	使能 EN	Dout7	Dout6	Dout5	Dout4	Dout3	Dout2	Dout1	Dout0
XXX	XXX	0	保持	保持	保持	保持	保持	保持	保持	保持
000	Din	1	Din	保持	保持	保持	保持	保持	保持	保持
001	Din	1	保持	Din	保持	保持	保持	保持	保持	保持
010	Din	1	保持	保持	Din	保持	保持	保持	保持	保持
⋮										
111	Din	1	保持	保持	保持	保持	保持	保持	保持	Din

要求：

(1) 利用 VHDL 语言编程，利用软件进行功能仿真。

(2) 编程下载到 DE2 开发平台，硬件测试设计的功能。

注意：3 个拨码开关作为地址数据输入端，1 个拨码开关或者低频时钟信号作为二进制数据输入端，1 个拨码开关作为使能控制键，高电平允许修改输入数据，低电平对数据锁存。LED 指示灯作为输出。

四、实验步骤

实验步骤需要自己总结。大致如下：

(1) 根据数据分配器的功能表，利用 VHDL 的基本描述语句编写数据分配器的 VHDL 程序。

此处填写 VHDL 程序，关键部分必须有注释。

(2) 对所设计的 VHDL 程序进行编译，然后利用波形编辑器对其进行仿真，初步验证程序设计的正确性。

此处给出该次实验的功能仿真图，并说明仿真结果的正确性。

(3) 利用开发工具软件，选择所用可编程逻辑器件，并对数据分配器进行引脚配置。

此处给出该次实验的引脚配置图。

(4) 通过下载电缆将编译后的 *.sof 文件下载到目标器件之中，并利用实验开发装置对其进行硬件验证。

此处给出该次实验现象。

五、实验结果及结论

1. RTL 电路图

此处给出该次实验的 RTL 电路图。

2. 实验结论

实验结果分析和实验过程中出现的问题及解决方法等。

附录A

DE2开发平台

A.1 DE2 板上资源及硬件布局

DE2 是 Altera 公司针对大学教学及研究机构推出的 FPGA 多媒体开发平台。DE2 为用户提供了丰富的外设及多媒体特性,并具有灵活可靠的外围接口设计。DE2 平台采用 Altera 公司 Cyclone Ⅱ系列的 FPGA 产品 EP2C35F672,利用 Altera 公司提供的 Quartus Ⅱ软件进行编译、下载,并通过 DE2 进行结果验证。DE2 能帮助使用者迅速理解和掌握实时多媒体工业产品设计的技巧,并提供系统设计的验证。DE2 平台的实际和制造完全按照工业产品标准进行,可靠性很高。

DE2 板硬件布局如图 A-1 所示。

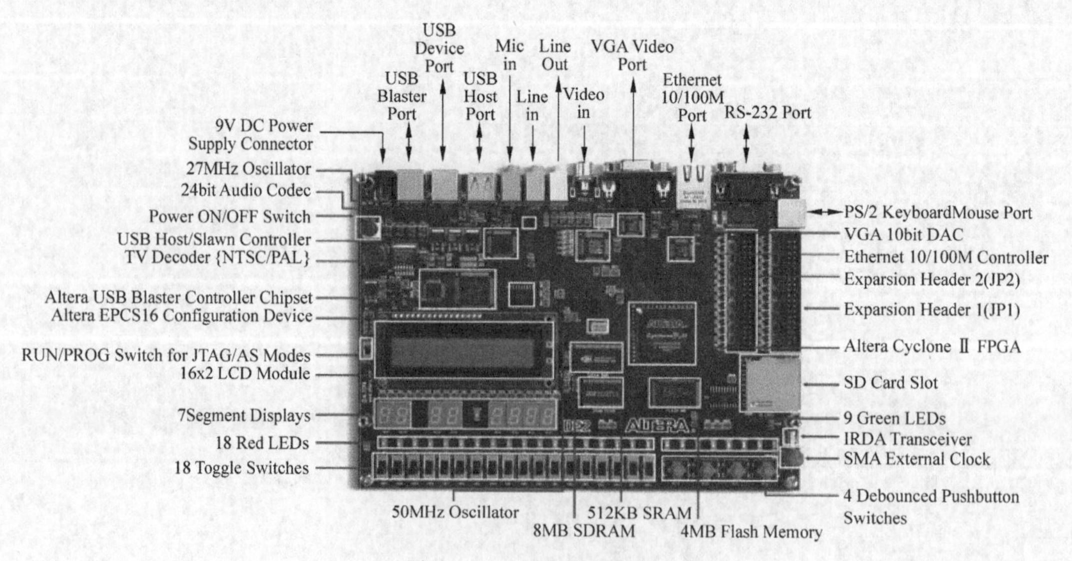

图 A-1　DE2 板硬件布局

DE2 平台上提供的资源如下：

(1) Altera Cyclone Ⅱ系列的 EP2C35F672C6 FPGA U11,内含有 35000 个逻辑单元(LE)。

(2) 主动串行配置器件 EPCS16U30。

(3) 板上内置用于编程调试和用户 API 设计的 USB Blaster,支持 JTAG 模式和 AS 模式；U25 是实现 USB Blaster 的 USB 接口芯片 FT245B；U26 是用以控制和实现 JTAG 模式和 AS 模式配置的 CPLD EPM3128,可以用 SW19 选择配置模式；USB 接口为 J9。

(4) 512KB SRAM(U18)。

(5) 8MB(1M×4×16)SDRAM(U17)。

(6) 1MB 闪存(可升级至 4MB)(U20)。

(7) SD 卡接口(U19)。

(8) 4 个按键 KEY0～KEY3。

(9) 18 个拨动开关 SW0～SW17。

(10) 9 个绿色 LED 灯 LEDG0～LEDG8。

(11) 18 个红色 LED 灯 LEDR0～LEDR17。

(12) 两个板上时钟源(50MHz 晶振 Y1 和 27MHz 晶振 Y3),也可通过 J5 使用外部时钟。

(13) 24 为 CD 品质音频的编/解码器 WM8371(U1),带有麦克风的输入插座 J1、线路输入插座 J2 和线路输出插座 J3。

(14) VGA DAC ADV7123(U34,内含 3 个 10 高速 DAC)及 VGA 输出接口 J13。

(15) 支持 NTSC 和 PAL 制式的 TV 解码器 ADV7181B(U33)及 TV 接口 J12。

(16) 10M/100M 以太网控制器 DM9000AE(U35)及网络接口 J4。

(17) USB 主从控制器 ISP1362(U31)及接口(J10 和 J11)。

(18) RS232 收发器 MAX232(U15)及 9 针连接器 J16。

(19) PS/2 鼠标/键盘连接器 J7。

(20) IRDA 收发器 U14。

(21) 带二极管保护的两个 40 脚扩展端口 JP1 和 JP2。

(22) 2×16 字符的 LCD 模块 U2。

(23) 平台通过插座 J8 接入直流 9V 供电,SW18 为总电源开关。

(24) Altera 公司的第三方 Terasic 提供针对 DE2 平台的 130 万像素的 CCD 摄像头模块以及 320×240 点阵的彩色 LCD 模块,可通过 JP1 和 JP2 接入。

A.2 DE2 原理

DE2 平台的结构框图如图 A-2 所示。以下对 DE2 平台的各部分硬件作简要说明。

1. FPGA EP2C35F672

DE2 平台选用的 FPGA EP2C35F672 是 Altera 公司的 Cyclone Ⅱ系列产品之一。封装为 672 脚的 Fineline BGA,是 2C35 中引脚最多的封装,最多可以有 475 个 I/O 引脚供用户使用。

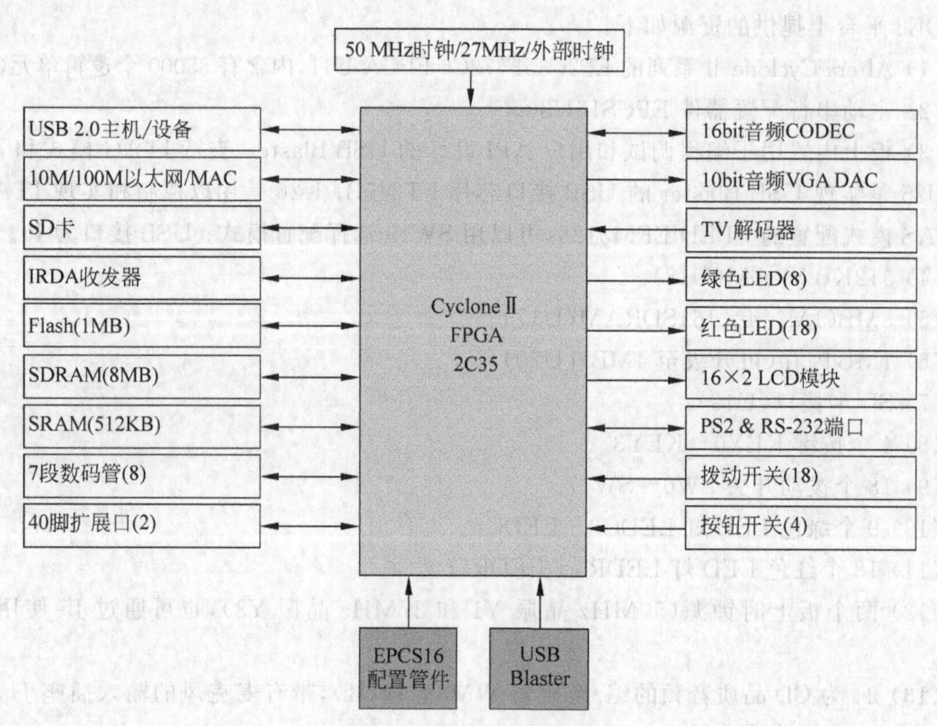

图 A-2 DE2 平台的结构框图

EP2C35F672 由 33216 个 LE 组成，片上有 105 个 M4K RAM 块，每个 M4K RAM 块由 4K(4096)位的数据 RAM 加 512 位的校验位共 483840 位组成。端口宽度根据需求进行配置，可以是 1、2、4、8、9、16、18、32 或 36 位。在 1、2、4、8、9、16、18 等模式下，是真正的双口操作(可以配置成一读一写、两读或两写)。

EP2C35 片内有 35 个 18×18 的硬件乘法器，利用 Altera 公司提供的 DSP Builder 和其他 DSP 的 IP 库，可以用 EP2C35 低成本地实现数字信号。

EP2C35 片上有 4 个 PLL(锁相环)，可实现多个时钟域。

2. USB Blaster 电路与主动串行配置器件

DE2 平台上内置了 USB Blaster 电路，使用方便而且可靠，只需要用一根 USB 电缆将电脑和 DE2 平台连接起来就可以进行调试。DE2 平台上的 USB Blaster 提供了 JTAG 下载与调试模式及主动串行(AS)编程模式。此外，DE2 平台附带的 DE2 控制面板软件通过 USB Blaster 与 FPGA 通信，可以方便地实现 DE2 的测试。

EP2C35 是基于 RAM 的可编程逻辑器件，器件掉电后，配置信息会完全丢失。FPGA 可以采用多种配置方式，如使用计算机终端并通过下载电缆直接下载配置数据的方式，以及利用电路板上的微处理器从存储器空间读取配置数据的配置方式。最通用的方法是使用专用配置器件。一般用 EPCS16 或 EPCS64 配置 EP2C35。

3. SRAM、SDRAM、Flash 存储器及 SD 卡接口

DE2 平台提供各种常用的存储器，包含一片 8MB SDRAM、一片 512KB 的 SRAM 和一片 4MB 的 Flash 存储器。另外，通过 SD 卡接口，可以使用 SPI 模式的 SD 卡作为存储介质，两个 40 引脚的插座 JP1 和 JP2 可以配置成 IDE 接口使用，从而可以连接大容量的存

储介质。

SDRAM 与 EP2C35F672C6 连接的引脚分配见表 A-8，Flash 与 EP2C35F672C6 连接的引脚分配见表 A-9，SRAM 与 EP2C35F672C6 连接的引脚分配见表 A-10。

DE2 平台上 SD 卡可以支持两种模式，即 SD 卡模式和 SPI 模式。DE2 种按 SPI 模式接线，该模式与 SD 卡模式相比，速度较低，但使用非常简单。SD 卡接口引脚定义见表 A-11。

4. 按键、拨动开关、LED、七段数码管

DE2 平台提供了 4 个按键，所有按键都使用了施密特触发防抖动功能，按键按下时输出低电平，释放时恢复高电平。DE2 平台上有 18 个波段开关，用来设定电平状态。DE2 平台上有 9 个绿色的发光二极管和 18 个红色的发光二极管以及 8 个七段数码管，它们与 EP2C35F672C6 连接的引脚分配参见表 A-2～表 A-5。

5. 时钟源

DE2 平台上提供了两个时钟源：50MHz 及 27MHZ。它们与 EP2C35F672C36 连接的引脚分配见表 A-1。

6. 音频编/解码器

DE2 的音频输入/输出功能由 Wolfson 公司的低功耗立体声 24 位音频编/解码芯片 WM8731 完成。WM8731 的音频采样速率为 8～96kHz 可调；提供 2 线与 3 线两种与主控制器连接的接口方式；支持 4 种音频数据模式：I2S 模式、左对齐模式、右对齐模式和 DSP 模式；数据位可以是 16 位或 32 位。

WM8731 包含了线路输入、麦克风输入及耳机输出。两路线路输入 RLNEIN 和 LLINEIN 可以 1.5dB 的步距在 −34.5～12dB 内进行对数音量调节，完成 A/D 转换后，还可以经高通数字滤波有效去除输入中的直流成分。一路麦克风输入可以在 −6～34dB 内进行音量调节，三路模拟输入均有单独的静音功能。DAC 输出、线路输入旁路及麦克风输入经过侧音电路后可相加作为输出，输出可以直接驱动线路输出（LOUT 和 ROUT），也可以通过耳机放大器输出驱动耳机（RHPOUT 和 LHPOUT）。耳机放大电路的增益可以在 −73～6dB 内以 1dB 的步距进行调整。引脚分配见表 A-12。

7. VGA DAC

DE2 平台的 Video DAC 选用了 Analog Device 公司的 ADV7123。ADV7123 由三个 10 位高速 DAC 组成，最高时钟速率为 240MHz，即可以达到最高 240MS/s 的数据吞吐率。当 f(CLK)＝140MHz，f(OUT)＝40MHz 时，DAC 的 SFDR(无杂散动态范围)为 −53dB；当 f(CLK)＝40MHz，f(OUT)＝1MHz 时，DAC 的 SFDR 为 −70dB。ADV7123 的 BLANK 引脚可以用来输出空白屏幕。ADV7123 在 100Hz 的刷新率下最高分辨率为 1600×1200。引脚分配见表 A-13。

8. 电视解码器

DE2 采用 ADV7181 作为电视解码芯片。ADV7181 是一款集成的视频解码器，支持多种格式的模拟视频信号输入，包括各种制式的 CVBS 信号、S-Video 和 YPrPb 分量输入；可以自动检测 NTSC、PAL、SECAM 及其兼容的各种标准模拟基带电视信号，包括 PAL-B/G/H/I/D、PAL-M/N、PAL-Combination N、NTSC-M、NTSC-J、SECAM 50 Hz/60Hz、NTSC4.43 和 PAL60 等。ADV7181 的数字输出 16 位或 8 位的与 CCIR656 标准兼容的 YcrCb 4：2：2 视频数据，还包括垂直同步 VS、水平同步 HS 及场同步等信号。引脚分配见表 A-14。

9. 以太网控制器

10M/100M以太网控制器选用DAVICOM半导体公司的DM9000A。DM9000A集成了带有通用处理器接口的MAC和PHY,支持100Base-T和10Base-T应用,带有auto-MDIX,支持10Mb/s和100Mb/s的全双工操作。DM9000A完全兼容IEEE 802.3u规范,支持IP/TCP/UDP求和校验,支持半双工模式背压数据流控。引脚分配见表A-15。

10. USB主从控制器

DE2平台上设计了一个USB OTG芯片ISP1362,既可将DE2作为一个USB Host使用,也可将DE2作为一个USB Device使用,这种设计在多媒体应用中非常合理。ISP1362是飞利浦公司提出的OTG解决方案系列中的产品,它在单芯片上集成了一个OTG控制器、一个高级主控制器(PSHC)和一个基于飞利浦OSP1181的外设控制器。ISP1362的OTG控制器完全兼容USB 2.0及On-The-Go Supplement 1.0协议,主机和设备控制器兼容USB 2.0协议,并支持12Mb/s的全速传输和1.5Mb/s的低速传输。DE2平台上的ISP1362与Terasic公司的驱动程序配合,可以通过Avalon总线接入Nios Ⅱ处理器。引脚分配见表A-16。

11. RS232、PS/2鼠标/键盘连接器、IRDA收发器

DE2平台上集成了一个3线RS232串行接口、用以连接鼠标和键盘的PS/2接口以及一个最高速率可达115.2kb/s的红外收发器IRDA。引脚分配见表A-17。

12. 40脚扩展端口

Cyclone Ⅱ引出72个I/O引脚到2个40脚扩展接口。40脚扩展接口兼容标准IDE硬件驱动接口。引脚分配见表A-6。

13. LCD模块

DE2平台上有1个16×2的LCD模块,LCD模块内嵌ASCII码字库,也可以自定义字库。引脚分配见表A-7。

A.3 DE2开发板测试说明

在正式使用DE2平台之前,需要在电脑上安装Quartus Ⅱ和Nios Ⅱ软件。如果需要使用DSP Builder6.0,则要先安装MATLAB 7.0以上的版本,然后才能安装DSP Builder 6.0。可以从Altera公司网站上获得Quartus Ⅱ网络版。

(1) 安装Quartus Ⅱ 13.0sp1 Web Edition。

(2) 将DE2 System光盘中的全部内容复制到PC上,其中DE2_control_panel文件夹内容最为重要。

(3) 将开发板的电源和USB线(方形口端接开发板的BLASTER接口)连接上,此时系统发现新硬件,需要安装驱动。驱动所在位置为Quartus Ⅱ 13.0sp1 Web Edition安装目录下的altera\13.0sp1\quartus\drivers中。驱动安装方法为:在弹出对话框中选择“从列表”,搜索位置同上,如安装在D盘根目录下,搜索位置为:D:altera\13.0sp1\quartus\drivers。

(4) 运行Quartus Ⅱ 13.0sp1Web Edition。将DE2_control_panel\DE2_USB_API.sof下载到DE2平台上。

(5) 运行 DE2_Control_Panel 目录下的 DE2_Control_Panel. exe,执行菜单命令 Open→Open_USB_port,下面即可对开发板进行测试了。

(6) PS2 和 7-SEG 的测试。在开发板插上键盘,输入字符即可显示在图 A-3 所示文本框中;设置 HEX0～HEX7 的数字,单击 Set,开发板上相应位置的数码管显示相应数字。

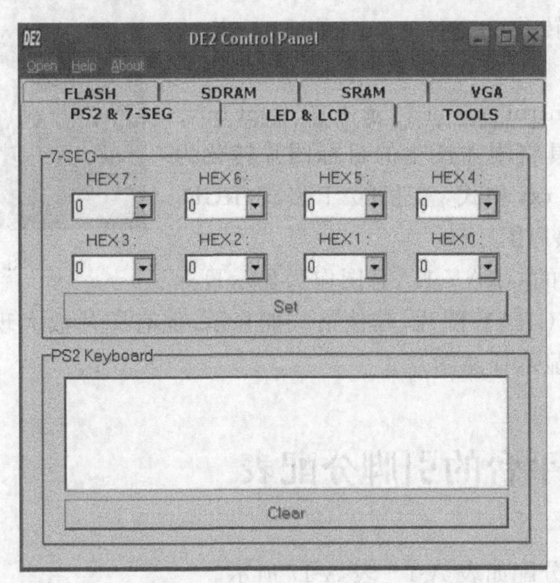

图 A-3 DE2 Control Panel

(7) LED 和 LCD 的测试。同上一步。

(8) VGA 测试。将一台显示器数据线连接到开发板的 VGA 口上。选择 SRAM,将 File Length 单选框选中。单击下面的 Write a File to SRAM,打开 DE2_demonstration\pictures\picture. dat;100%完成。

如图 A-4 所示,选 VGA 项。去掉 Default Image 前面的"√"。

图 A-4 VGA 测试

选择 TOOLS 项，选择 SRAM Multiplexer→Asynchronous1 选项，单击 configure 按钮。

此时可看到显示器上显示图片，如图 A-5 所示。

图 A-5 图片

(9) 显示其他图片可采用以下方式：

① 将任意图片转化为 640×480 的 Bmp 格式图片。

② 使用 DE2_control_panel 目录下的 ImgConv.exe 图片格式转换工具将刚才产生的目标图片转化为 4 张图片，分别为一张 txt 格式，三张 DAT 格式(RGB，GRAY 灰度图，BW 黑白图)。

③ 将上一步产生的 GRAY DAT 图作为显示目标(只支持 DAT 格式的 GRAY 图片，其他格式能显示，但有图片放大现象，图片不清晰)，重复步骤(9)，即可实现显示任意图片。

A.4 DE2 平台的引脚分配表

DE2 平台的引脚分配如表 A-1～表 A-17 所示。

表 A-1 时钟输入的引脚分配

信息名	FPGA 引脚	说明
CLOCK_27	PIN_D13	27MHz clock input
CLOCK_50	PIN_N2	50MHz clock input
EXT_CLOCK	PIN_P26	External (SMA) clock input

表 A-2 按键开关的引脚分配

信息名	FPGA 引脚	说明
KEY[0]	PIN_G26	Pushbutton[0]
KEY[1]	PIN_N23	Pushbutton[1]
KEY[2]	PIN_P23	Pushbutton[2]
KEY[3]	PIN_W26	Pushbutton[3]

表 A-3 拨动开关的引脚分配

信息名	FPGA 引脚	说明
SW[0]	PIN_N25	Toggle Switch[0]
SW[1]	PIN_N26	Toggle Switch[1]
SW[2]	PIN_P25	Toggle Switch[2]
SW[3]	PIN_AE14	Toggle Switch[3]
SW[4]	PIN_AF14	Toggle Switch[4]
SW[5]	PIN_AD13	Toggle Switch[5]
SW[6]	PIN_AC13	Toggle Switch[6]

续表

信　息　名	FPGA 引脚	说　　明
SW[7]	PIN_C13	Toggle Switch[7]
SW[8]	PIN_B13	Toggle Switch[8]
SW[9]	PIN_A13	Toggle Switch[9]
SW[10]	PIN_N1	Toggle Switch[10]
SW[11]	PIN_P1	Toggle Switch[11]
SW[12]	PIN_P2	Toggle Switch[12]
SW[13]	PIN_T7	Toggle Switch[13]
SW[14]	PIN_U3	Toggle Switch[14]
SW[15]	PIN_U4	Toggle Switch[15]
SW[16]	PIN_V1	Toggle Switch[16]
SW[17]	PIN_V2	Toggle Switch[17]

表 A-4　LED 的引脚分配

信　息　名	FPGA 引脚	说　　明
LEDR[0]	PIN_AE23	LED Red[0]
LEDR[1]	PIN_AF23	LED Red[1]
LEDR[2]	PIN_AB21	LED Red[2]
LEDR[3]	PIN_AC22	LED Red[3]
LEDR[4]	PIN_AD22	LED Red[4]
LEDR[5]	PIN_AD23	LED Red[5]
LEDR[6]	PIN_AD21	LED Red[6]
LEDR[7]	PIN_AC21	LED Red[7]
LEDR[8]	PIN_AA14	LED Red[8]
LEDR[9]	PIN_Y13	LED Red[9]
LEDR[10]	PIN_AA13	LED Red[10]
LEDR[11]	PIN_AC14	LED Red[11]
LEDR[12]	PIN_AD15	LED Red[12]
LEDR[13]	PIN_AE15	LED Red[13]
LEDR[14]	PIN_AF13	LED Red[14]
LEDR[15]	PIN_AE13	LED Red[15]
LEDR[16]	PIN_AE12	LED Red[16]
LEDR[17]	PIN_AD12	LED Red[17]
LEDG[0]	PIN_AE22	LED Green[0]
LEDG[1]	PIN_AF22	LED Green[1]
LEDG[2]	PIN_W19	LED Green[2]
LEDG[3]	PIN_V18	LED Green[3]
LEDG[4]	PIN_U18	LED Green[4]
LEDG[5]	PIN_U17	LED Green[5]
LEDG[6]	PIN_AA20	LED Green[6]
LEDG[7]	PIN_Y18	LED Green[7]
LEDG[8]	PIN_Y12	LED Green[8]

表 A-5 七段数码管的引脚分配

信 息 名	FPGA 引脚	说 明
HEX0[0]	PIN_AF10	Seven Segment Digit 0[0]
HEX0[1]	PIN_AB12	Seven Segment Digit 0[1]
HEX0[2]	PIN_AC12	Seven Segment Digit 0[2]
HEX0[3]	PIN_AD11	Seven Segment Digit 0[3]
HEX0[4]	PIN_AE11	Seven Segment Digit 0[4]
HEX0[5]	PIN_V14	Seven Segment Digit 0[5]
HEX0[6]	PIN_V13	Seven Segment Digit 0[6]
HEX1[0]	PIN_V20	Seven Segment Digit 1[0]
HEX1[1]	PIN_V21	Seven Segment Digit 1[1]
HEX1[2]	PIN_W21	Seven Segment Digit 1[2]
HEX1[3]	PIN_Y22	Seven Segment Digit 1[3]
HEX1[4]	PIN_AA24	Seven Segment Digit 1[4]
HEX1[5]	PIN_AA23	Seven Segment Digit 1[5]
HEX1[6]	PIN_AB24	Seven Segment Digit 1[6]
HEX2[0]	PIN_AB23	Seven Segment Digit 2[0]
HEX2[1]	PIN_V22	Seven Segment Digit 2[1]
HEX2[2]	PIN_AC25	Seven Segment Digit 2[2]
HEX2[3]	PIN_AC26	Seven Segment Digit 2[3]
HEX2[4]	PIN_AB26	Seven Segment Digit 2[4]
HEX2[5]	PIN_AB25	Seven Segment Digit 2[5]
HEX2[6]	PIN_Y24	Seven Segment Digit 2[6]
HEX3[0]	PIN_Y23	Seven Segment Digit 3[0]
HEX3[1]	PIN_AA25	Seven Segment Digit 3[1]
HEX3[2]	PIN_AA26	Seven Segment Digit 3[2]
HEX3[3]	PIN_Y26	Seven Segment Digit 3[3]
HEX3[4]	PIN_Y25	Seven Segment Digit 3[4]
HEX3[5]	PIN_U22	Seven Segment Digit 3[5]
HEX3[6]	PIN_W24	Seven Segment Digit 3[6]
HEX4[0]	PIN_U9	Seven Segment Digit 4[0]
HEX4[1]	PIN_U1	Seven Segment Digit 4[1]
HEX4[2]	PIN_U2	Seven Segment Digit 4[2]
HEX4[3]	PIN_T4	Seven Segment Digit 4[3]
HEX4[4]	PIN_R7	Seven Segment Digit 4[4]
HEX4[5]	PIN_R6	Seven Segment Digit 4[5]
HEX4[6]	PIN_T3	Seven Segment Digit 4[6]
HEX5[0]	PIN_T2	Seven Segment Digit 5[0]
HEX5[1]	PIN_P6	Seven Segment Digit 5[1]
HEX5[2]	PIN_P7	Seven Segment Digit 5[2]
HEX5[3]	PIN_T9	Seven Segment Digit 5[3]
HEX5[4]	PIN_R5	Seven Segment Digit 5[4]
HEX5[5]	PIN_R4	Seven Segment Digit 5[5]
HEX5[6]	PIN_R3	Seven Segment Digit 5[6]

续表

信 息 名	FPGA 引脚	说 明
HEX6[0]	PIN_R2	Seven Segment Digit 6[0]
HEX6[1]	PIN_P4	Seven Segment Digit 6[1]
HEX6[2]	PIN_P3	Seven Segment Digit 6[2]
HEX6[3]	PIN_M2	Seven Segment Digit 6[3]
HEX6[4]	PIN_M3	Seven Segment Digit 6[4]
HEX6[5]	PIN_M5	Seven Segment Digit 6[5]
HEX6[6]	PIN_M4	Seven Segment Digit 6[6]
HEX7[0]	PIN_L3	Seven Segment Digit 7[0]
HEX7[1]	PIN_L2	Seven Segment Digit 7[1]
HEX7[2]	PIN_L9	Seven Segment Digit 7[2]
HEX7[3]	PIN_L6	Seven Segment Digit 7[3]
HEX7[4]	PIN_L7	Seven Segment Digit 7[4]
HEX7[5]	PIN_P9	Seven Segment Digit 7[5]
HEX7[6]	PIN_N9	Seven Segment Digit 7[6]

表 A-6 扩展接头的引脚分配

信 息 名	FPGA 引脚	说 明
GPIO_0[0]	PIN_D25	GPIO Connection 0[0]
GPIO_0[1]	PIN_J22	GPIO Connection 0[1]
GPIO_0[2]	PIN_E26	GPIO Connection 0[2]
GPIO_0[3]	PIN_E25	GPIO Connection 0[3]
GPIO_0[4]	PIN_F24	GPIO Connection 0[4]
GPIO_0[5]	PIN_F23	GPIO Connection 0[5]
GPIO_0[6]	PIN_J21	GPIO Connection 0[6]
GPIO_0[7]	PIN_J20	GPIO Connection 0[7]
GPIO_0[8]	PIN_F25	GPIO Connection 0[8]
GPIO_0[9]	PIN_F26	GPIO Connection 0[9]
GPIO_0[10]	PIN_N18	GPIO Connection 0[10]
GPIO_0[11]	PIN_P18	GPIO Connection 0[11]
GPIO_0[12]	PIN_G23	GPIO Connection 0[12]
GPIO_0[13]	PIN_G24	GPIO Connection 0[13]
GPIO_0[14]	PIN_K22	GPIO Connection 0[14]
GPIO_0[15]	PIN_G25	GPIO Connection 0[15]
GPIO_0[16]	PIN_H23	GPIO Connection 0[16]
GPIO_0[17]	PIN_H24	GPIO Connection 0[17]
GPIO_0[18]	PIN_J23	GPIO Connection 0[18]
GPIO_0[19]	PIN_J24	GPIO Connection 0[19]
GPIO_0[20]	PIN_H25	GPIO Connection 0[20]
GPIO_0[21]	PIN_H26	GPIO Connection 0[21]
GPIO_0[22]	PIN_H19	GPIO Connection 0[22]
GPIO_0[23]	PIN_K18	GPIO Connection 0[23]

续表

信 息 名	FPGA 引脚	说 明
GPIO_0[24]	PIN_K19	GPIO Connection 0[24]
GPIO_0[25]	PIN_K21	GPIO Connection 0[25]
GPIO_0[26]	PIN_K23	GPIO Connection 0[26]
GPIO_0[27]	PIN_K24	GPIO Connection 0[27]
GPIO_0[28]	PIN_L21	GPIO Connection 0[28]
GPIO_0[29]	PIN_L20	GPIO Connection 0[29]
GPIO_0[30]	PIN_J25	GPIO Connection 0[30]
GPIO_0[31]	PIN_J26	GPIO Connection 0[31]
GPIO_0[32]	PIN_L23	GPIO Connection 0[32]
GPIO_0[33]	PIN_L24	GPIO Connection 0[33]
GPIO_0[34]	PIN_L25	GPIO Connection 0[34]
GPIO_0[35]	PIN_L19	GPIO Connection 0[35]
GPIO_1[0]	PIN_K25	GPIO Connection 1[0]
GPIO_1[1]	PIN_K26	GPIO Connection 1[1]
GPIO_1[2]	PIN_M22	GPIO Connection 1[2]
GPIO_1[3]	PIN_M23	GPIO Connection 1[3]
GPIO_1[4]	PIN_M19	GPIO Connection 1[4]
GPIO_1[5]	PIN_M20	GPIO Connection 1[5]
GPIO_1[6]	PIN_N20	GPIO Connection 1[6]
GPIO_1[7]	PIN_M21	GPIO Connection 1[7]
GPIO_1[8]	PIN_M24	GPIO Connection 1[8]
GPIO_1[9]	PIN_M25	GPIO Connection 1[9]
GPIO_1[10]	PIN_N24	GPIO Connection 1[10]
GPIO_1[11]	PIN_P24	GPIO Connection 1[11]
GPIO_1[12]	PIN_R25	GPIO Connection 1[12]
GPIO_1[13]	PIN_R24	GPIO Connection 1[13]
GPIO_1[14]	PIN_R20	GPIO Connection 1[14]
GPIO_1[15]	PIN_T22	GPIO Connection 1[15]
GPIO_1[16]	PIN_T23	GPIO Connection 1[16]
GPIO_1[17]	PIN_T24	GPIO Connection 1[17]
GPIO_1[18]	PIN_T25	GPIO Connection 1[18]
GPIO_1[19]	PIN_T18	GPIO Connection 1[19]
GPIO_1[20]	PIN_T21	GPIO Connection 1[20]
GPIO_1[21]	PIN_T20	GPIO Connection 1[21]
GPIO_1[22]	PIN_U26	GPIO Connection 1[22]
GPIO_1[23]	PIN_U25	GPIO Connection 1[23]
GPIO_1[24]	PIN_U23	GPIO Connection 1[24]
GPIO_1[25]	PIN_U24	GPIO Connection 1[25]
GPIO_1[26]	PIN_R19	GPIO Connection 1[26]
GPIO_1[27]	PIN_T19	GPIO Connection 1[27]
GPIO_1[28]	PIN_U20	GPIO Connection 1[28]
GPIO_1[29]	PIN_U21	GPIO Connection 1[29]

续表

信 息 名	FPGA 引脚	说 明
GPIO_1[30]	PIN_V26	GPIO Connection 1[30]
GPIO_1[31]	PIN_V25	GPIO Connection 1[31]
GPIO_1[32]	PIN_V24	GPIO Connection 1[32]
GPIO_1[33]	PIN_V23	GPIO Connection 1[33]
GPIO_1[34]	PIN_W25	GPIO Connection 1[34]
GPIO_1[35]	PIN_W23	GPIO Connection 1[35]

表 A-7 LCD 模块的引脚分配

信 息 名	FPGA 引脚	说 明
LCD_DATA[0]	PIN_J1	LCD Data[0]
LCD_DATA[1]	PIN_J2	LCD Data[1]
LCD_DATA[2]	PIN_H1	LCD Data[2]
LCD_DATA[3]	PIN_H2	LCD Data[3]
LCD_DATA[4]	PIN_J4	LCD Data[4]
LCD_DATA[5]	PIN_J3	LCD Data[5]
LCD_DATA[6]	PIN_H4	LCD Data[6]
LCD_DATA[7]	PIN_H3	LCD Data[7]
LCD_RW	PIN_K4	LCD Read/Write Select, 0 = Write,1 = Read
LCD_EN	PIN_K3	LCD Enable
LCD_RS	PIN_K1	LCD Command/Data Select, 0 = Command,1 = Data
LCD_ON	PIN_L4	LCD Power ON/OFF
LCD_BLON	PIN_K2	LCD Back Light ON/OFF

表 A-8 SDRAM 引脚分配

信 息 名	FPGA 引脚	说 明
DRAM_ADDR[0]	PIN_T6	SDRAM Address[0]
DRAM_ADDR[1]	PIN_V4	SDRAM Address[1]
DRAM_ADDR[2]	PIN_V3	SDRAM Address[2]
DRAM_ADDR[3]	PIN_W2	SDRAM Address[3]
DRAM_ADDR[4]	PIN_W1	SDRAM Address[4]
DRAM_ADDR[5]	PIN_U6	SDRAM Address[5]
DRAM_ADDR[6]	PIN_U7	SDRAM Address[6]
DRAM_ADDR[7]	PIN_U5	SDRAM Address[7]
DRAM_ADDR[8]	PIN_W4	SDRAM Address[8]
DRAM_ADDR[9]	PIN_W3	SDRAM Address[9]
DRAM_ADDR[10]	PIN_Y1	SDRAM Address[10]
DRAM_ADDR[11]	PIN_V5	SDRAM Address[11]
DRAM_DQ[0]	PIN_V6	SDRAM Data[0]
DRAM_DQ[1]	PIN_AA2	SDRAM Data[1]

续表

信 息 名	FPGA 引脚	说 明
DRAM_DQ[2]	PIN_AA1	SDRAM Data[2]
DRAM_DQ[3]	PIN_Y3	SDRAM Data[3]
DRAM_DQ[4]	PIN_Y4	SDRAM Data[4]
DRAM_DQ[5]	PIN_R8	SDRAM Data[5]
DRAM_DQ[6]	PIN_T8	SDRAM Data[6]
DRAM_DQ[7]	PIN_V7	SDRAM Data[7]
DRAM_DQ[8]	PIN_W6	SDRAM Data[8]
DRAM_DQ[9]	PIN_AB2	SDRAM Data[9]
DRAM_DQ[10]	PIN_AB1	SDRAM Data[10]
DRAM_DQ[11]	PIN_AA4	SDRAM Data[11]
DRAM_DQ[12]	PIN_AA3	SDRAM Data[12]
DRAM_DQ[13]	PIN_AC2	SDRAM Data[13]
DRAM_DQ[14]	PIN_AC1	SDRAM Data[14]
DRAM_DQ[15]	PIN_AA5	SDRAM Data[15]
DRAM_BA_0	PIN_AE2	SDRAM BankAddress[0]
DRAM_BA_1	PIN_AE3	SDRAM BankAddress[1]
DRAM_LDQM	PIN_AD2	SDRAM Low-byte DataMask
DRAM_UDQM	PIN_Y5	SDRAM High-byte DataMask
DRAM_RAS_N	PIN_AB4	SDRAM Row Address Strobe
DRAM_CAS_N	PIN_AB3	SDRAM Column Address Strobe
DRAM_CKE	PIN_AA6	SDRAM Clock Enable
DRAM_CLK	PIN_AA7	SDRAM Clock
DRAM_WE_N	PIN_AD3	SDRAM Write Enable
DRAM_CS_N	PIN_AC3	SDRAM Chip Select

表 A-9 Flash 引脚分配

信 息 名	FPGA 引脚	说 明
FL_ADDR[0]	PIN_AC18	Flash Address[0]
FL_ADDR[1]	PIN_AB18	Flash Address[1]
FL_ADDR[2]	PIN_AE19	Flash Address[2]
FL_ADDR[3]	PIN_AF19	Flash Address[3]
FL_ADDR[4]	PIN_AE18	Flash Address[4]
FL_ADDR[5]	PIN_AF18	Flash Address[5]
FL_ADDR[6]	PIN_Y16	Flash Address[6]
FL_ADDR[7]	PIN_AA16	Flash Address[7]
FL_ADDR[8]	PIN_AD17	Flash Address[8]
FL_ADDR[9]	PIN_AC17	Flash Address[9]
FL_ADDR[10]	PIN_AE17	Flash Address[10]
FL_ADDR[11]	PIN_AF17	Flash Address[11]
FL_ADDR[12]	PIN_W16	Flash Address[12]
FL_ADDR[13]	PIN_W15	Flash Address[13]

续表

信 息 名	FPGA 引脚	说 明
FL_ADDR[14]	PIN_AC16	Flash Address[14]
FL_ADDR[15]	PIN_AD16	Flash Address[15]
FL_ADDR[16]	PIN_AE16	Flash Address[16]
FL_ADDR[17]	PIN_AC15	Flash Address[17]
FL_ADDR[18]	PIN_AB15	Flash Address[18]
FL_ADDR[19]	PIN_AA15	Flash Address[19]
FL_ADDR[20]	PIN_Y15	Flash Address[20]
FL_ADDR[21]	PIN_Y14	Flash Address[21]
FL_DQ[0]	PIN_AD19	Flash Data[0]
FL_DQ[1]	PIN_AC19	Flash Data[1]
FL_DQ[2]	PIN_AF20	Flash Data[2]
FL_DQ[3]	PIN_AE20	Flash Data[3]
FL_DQ[4]	PIN_AB20	Flash Data[4]
FL_DQ[5]	PIN_AC20	Flash Data[5]
FL_DQ[6]	PIN_AF21	Flash Data[6]
FL_DQ[7]	PIN_AE21	Flash Data[7]
FL_CE_N	PIN_V17	Flash Chip Enable
FL_OE_N	PIN_W17	Flash Output Enable
FL_RST_N	PIN_AA18	Flash Reset
FL_WE_N	PIN_AA17	Flash Write Enable

表 A-10 SRAM 引脚分配

信 息 名	FPGA 引脚	说 明
SRAM_ADDR[0]	PIN_AE4	SRAM Address[0]
SRAM_ADDR[1]	PIN_AF4	SRAM Address[1]
SRAM_ADDR[2]	PIN_AC5	SRAM Address[2]
SRAM_ADDR[3]	PIN_AC6	SRAM Address[3]
SRAM_ADDR[4]	PIN_AD4	SRAM Address[4]
SRAM_ADDR[5]	PIN_AD5	SRAM Address[5]
SRAM_ADDR[6]	PIN_AE5	SRAM Address[6]
SRAM_ADDR[7]	PIN_AF5	SRAM Address[7]
SRAM_ADDR[8]	PIN_AD6	SRAM Address[8]
SRAM_ADDR[9]	PIN_AD7	SRAM Address[9]
SRAM_ADDR[10]	PIN_V10	SRAM Address[10]
SRAM_ADDR[11]	PIN_V9	SRAM Address[11]
SRAM_ADDR[12]	PIN_AC7	SRAM Address[12]
SRAM_ADDR[13]	PIN_W8	SRAM Address[13]
SRAM_ADDR[14]	PIN_W10	SRAM Address[14]
SRAM_ADDR[15]	PIN_Y10	SRAM Address[15]
SRAM_ADDR[16]	PIN_AB8	SRAM Address[16]
SRAM_ADDR[17]	PIN_AC8	SRAM Address[17]

续表

信 息 名	FPGA 引脚	说 明
SRAM_DQ[0]	PIN_AD8	SRAM Data[0]
SRAM_DQ[1]	PIN_AE6	SRAM Data[1]
SRAM_DQ[2]	PIN_AF6	SRAM Data[2]
SRAM_DQ[3]	PIN_AA9	SRAM Data[3]
SRAM_DQ[4]	PIN_AA10	SRAM Data[4]
SRAM_DQ[5]	PIN_AB10	SRAM Data[5]
SRAM_DQ[6]	PIN_AA11	SRAM Data[6]
SRAM_DQ[7]	PIN_Y11	SRAM Data[7]
SRAM_DQ[8]	PIN_AE7	SRAM Data[8]
SRAM_DQ[9]	PIN_AF7	SRAM Data[9]
SRAM_DQ[10]	PIN_AE8	SRAM Data[10]
SRAM_DQ[11]	PIN_AF8	SRAM Data[11]
SRAM_DQ[12]	PIN_W11	SRAM Data[12]
SRAM_DQ[13]	PIN_W12	SRAM Data[13]
SRAM_DQ[14]	PIN_AC9	SRAM Data[14]
SRAM_DQ[15]	PIN_AC10	SRAM Data[15]
SRAM_WE_N	PIN_AE10	SRAM Write Enable
SRAM_OE_N	PIN_AD10	SRAM Output Enable
SRAM_UB_N	PIN_AF9	SRAM High-byte Data Mask
SRAM_LB_N	PIN_AE9	SRAM Low-byte Data Mask
SRAM_CE_N	PIN_AC11	SRAM Chip Enable

表 A-11 SD 卡引脚分配

信 息 名	FPGA 引脚	说 明
SD_DAT	PIN_AD24	SD Card Data[0]
SD_DAT3	PIN_AC23	SD Card Data[3]
SD_CMD	PIN_Y21	SD Card Command
SD_CLK	PIN_AD25	SD Card Clock

表 A-12 音频编/解码器引脚分配

信 息 名	FPGA 引脚	说 明
AUD_ADCLRCK	PIN_C5	Audio CODEC ADC LR Clock
AUD_ADCDAT	PIN_B5	Audio CODEC ADC Data
AUD_DACLRCK	PIN_C6	Audio CODEC DAC LR Clock
AUD_DACDAT	PIN_A4	Audio CODEC DAC Data
AUD_XCK	PIN_A5	Audio CODEC Chip Clock
AUD_BCLK	PIN_B4	Audio CODEC Bit-Stream Clock
I2C_SCLK	PIN_A6	I2C Data
I2C_SDAT	PIN_B6	I2C Clock

表 A-13　ADV7123 引脚分配

信　息　名	FPGA 引脚	说　明
VGA_R[0]	PIN_C8	VGA Red[0]
VGA_R[1]	PIN_F10	VGA Red[1]
VGA_R[2]	PIN_G10	VGA Red[2]
VGA_R[3]	PIN_D9	VGA Red[3]
VGA_R[4]	PIN_C9	VGA Red[4]
VGA_R[5]	PIN_A8	VGA Red[5]
VGA_R[6]	PIN_H11	VGA Red[6]
VGA_R[7]	PIN_H12	VGA Red[7]
VGA_R[8]	PIN_F11	VGA Red[8]
VGA_R[9]	PIN_E10	VGA Red[9]
VGA_G[0]	PIN_B9	VGA Green[0]
VGA_G[1]	PIN_A9	VGA Green[1]
VGA_G[2]	PIN_C10	VGA Green[2]
VGA_G[3]	PIN_D10	VGA Green[3]
VGA_G[4]	PIN_B10	VGA Green[4]
VGA_G[5]	PIN_A10	VGA Green[5]
VGA_G[6]	PIN_G11	VGA Green[6]
VGA_G[7]	PIN_D11	VGA Green[7]
VGA_G[8]	PIN_E12	VGA Green[8]
VGA_G[9]	PIN_D12	VGA Green[9]
VGA_B[0]	PIN_J13	VGA Blue[0]
VGA_B[1]	PIN_J14	VGA Blue[1]
VGA_B[2]	PIN_F12	GA Blue[2]
VGA_B[3]	PIN_G12	VGA Blue[3]
VGA_B[4]	PIN_J10	VGA Blue[4]
VGA_B[5]	PIN_J11	VGA Blue[5]
VGA_B[6]	PIN_C11	VGA Blue[6]
VGA_B[7]	PIN_B11	VGA Blue[7]
VGA_B[8]	PIN_C12	VGA Blue[8]
VGA_B[9]	PIN_B12	VGA Blue[9]
VGA_CLK	PIN_B8	VGA Clock
VGA_BLA NK	PIN_D6	VGA BLANK
VGA_HS	PIN_A7	VGA H_SYNC
VGA_VS	PIN_D8	VGA V_SYNC
VGA_SYNC	PIN_B7	VGA SYNC

表 A-14　电视解码器引脚分配

信　息　名	FPGA 引脚	说　明
TD_DATA[0]	PIN_J9	TV Decoder Data[0]
TD_DATA[1]	PIN_E8	TV Decoder Data[1]
TD_DATA[2]	PIN_H8	TV Decoder Data[2]

续表

信息名	FPGA 引脚	说明
TD_DATA[3]	PIN_H10	TV Decoder Data[3]
TD_DATA[4]	PIN_G9	TV Decoder Data[4]
TD_DATA[5]	PIN_F9	TV Decoder Data[5]
TD_DATA[6]	PIN_D7	TV Decoder Data[6]
TD_DATA[7]	PIN_C7	TV Decoder Data[7]
TD_HS	PIN_D5	TV Decoder H_SYNC
TD_VS	PIN_K9	TV Decoder V_SYNC
TD_CLK27	PIN_C16	TV Decoder Clock Input.
TD_RESET	PIN_C4	TV Decoder Reset
I2C_SCLK	PIN_A6	I2C Data
I2C_SDAT	PIN_B6	I2C Clock

表 A-15 快速以太网引脚分配

信息名	FPGA 引脚	说明
ENET_DATA[0]	PIN_D17	DM9000A DATA[0]
ENET_DATA[1]	PIN_C17	DM9000A DATA[1]
ENET_DATA[2]	PIN_B18	DM9000A DATA[2]
ENET_DATA[3]	PIN_A18	DM9000A DATA[3]
ENET_DATA[4]	PIN_B17	DM9000A DATA[4]
ENET_DATA[5]	PIN_A17	DM9000A DATA[5]
ENET_DATA[6]	PIN_B16	DM9000A DATA[6]
ENET_DATA[7]	PIN_B15	DM9000A DATA[7]
ENET_DATA[8]	PIN_B20	DM9000A DATA[8]
ENET_DATA[9]	PIN_A20	DM9000A DATA[9]
ENET_DATA[10]	PIN_C19	DM9000A DATA[10]
ENET_DATA[11]	PIN_D19	DM9000A DATA[11]
ENET_DATA[12]	PIN_B19	DM9000A DATA[12]
ENET_DATA[13]	PIN_A19	DM9000A DATA[13]
ENET_DATA[14]	PIN_E18	DM9000A DATA[14]
ENET_DATA[15]	PIN_D18	DM9000A DATA[15]
ENET_CLK	PIN_B24	DM9000A Clock 25 MHz
ENET_CMD	PIN_A21	DM9000A Command/Data Select, 0 = Command, 1 = Data
ENET_CS_N	PIN_A23	DM9000A Chip Select
ENET_INT	PIN_B21	DM9000A Interrupt
ENET_RD_N	PIN_A22	DM9000A Read
ENET_WR_N	PIN_B22	DM9000A Write
ENET_RST_N	PIN_B23	DM9000A Reset

表 A-16 USB(ISP1362)引脚分配

信 息 名	FPGA 引脚	说 明
OTG_ADDR[0]	PIN_K7	ISP1362 Address[0]
OTG_ADDR[1]	PIN_F2	ISP1362 Address[1]
OTG_DATA[0]	PIN_F4	ISP1362 Data[0]
OTG_DATA[1]	PIN_D2	ISP1362 Data[1]
OTG_DATA[2]	PIN_D1	ISP1362 Data[2]
OTG_DATA[3]	PIN_F7	ISP1362 Data[3]
OTG_DATA[4]	PIN_J5	ISP1362 Data[4]
OTG_DATA[5]	PIN_J8	ISP1362 Data[5]
OTG_DATA[6]	PIN_J7	ISP1362 Data[6]
OTG_DATA[7]	PIN_H6	ISP1362 Data[7]
OTG_DATA[8]	PIN_E2	ISP1362 Data[8]
OTG_DATA[9]	PIN_E1	ISP1362 Data[9]
OTG_DATA[10]	PIN_K6	ISP1362 Data[10]
OTG_DATA[11]	PIN_K5	ISP1362 Data[11]
OTG_DATA[12]	PIN_G4	ISP1362 Data[12]
OTG_DATA[13]	PIN_G3	ISP1362 Data[13]
OTG_DATA[14]	PIN_J6	ISP1362 Data[14]
OTG_DATA[15]	PIN_K8	ISP1362 Data[15]
OTG_CS_N	PIN_F1	ISP1362 Chip Select
OTG_RD_N	PIN_G2	ISP1362 Read
OTG_WR_N	PIN_G1	ISP1362 Write
OTG_RST_N	PIN_G5	ISP1362 Reset
OTG_INT0	PIN_B3	ISP1362 Interrupt 0
OTG_INT1	PIN_C3	ISP1362 Interrupt 1
TG_DACK0_N	PIN_C2	ISP1362 DMA Acknowledge 0
TG_DACK1_N	PIN_B2	ISP1362 DMA Acknowledge 1
OTG_DREQ0	PIN_F6	ISP1362 DMA Request 0
OTG_DREQ1	PIN_E5	ISP1362 DMA Request 1
OTG_FSPEED	PIN_F3	USB Full Speed, 0 = Enable,Z = Disable
OTG_LSPEED	PIN_G6	USB Low Speed, 0 = Enable,Z = Disable

表 A-17 RS-232、PS/2、IRDA 引脚分配

信 息 名	FPGA 引脚	说 明
UART_RXD	PIN_C25	UART Receiver
UART_TXD	PIN_B25	UART Transmitter
PS2_CLK	PIN_D26	PS/2 Clock
PS2_DAT	PIN_C24	PS/2 Data
IRDA_TXD	PIN_AE24	IRDA Transmitter
IRDA_RXD	PIN_AE25	IRDA Receiver

附录B

DE2实验扩展板

DE2 实验扩展板增加了矩阵式键盘、动态显示数码管和交通灯，进一步扩展了 DE2 实验板的应用。

B. 1 DE2 实验扩展板连接方式

DE2 扩展板连接方式如图 B-1 所示。

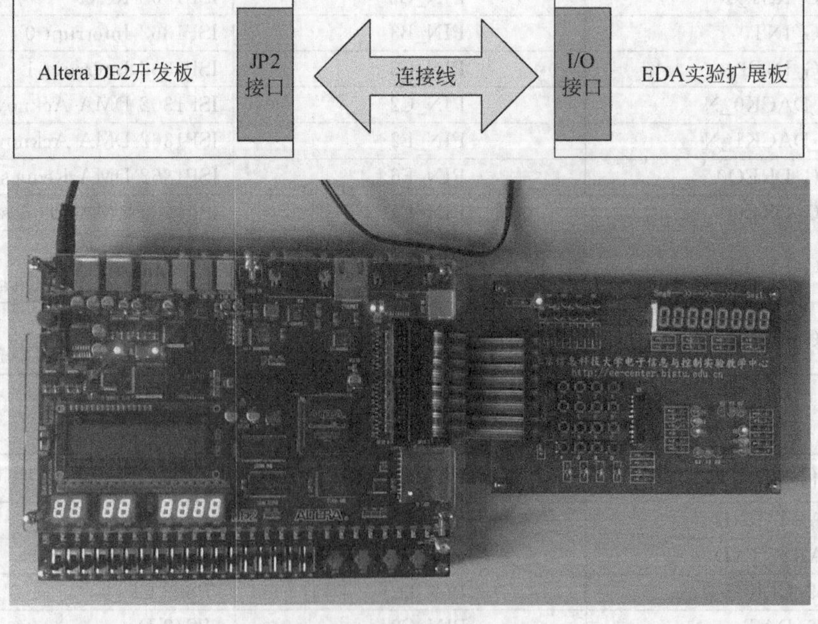

图 B-1 DE2 扩展板连接方式

B.2 DE2 扩展板接口

DE2 扩展板接口电路图如图 B-2 所示。扩展板接口与 FPGA 引脚连接如表 B-1 所示。

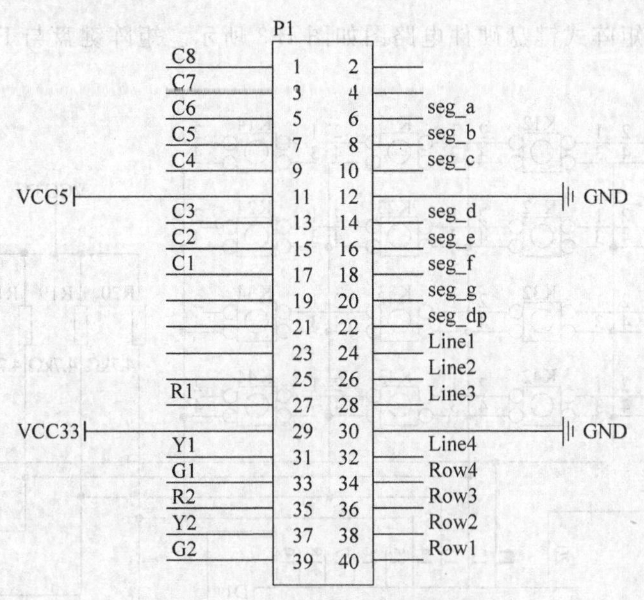

图 B-2 DE2 扩展板接口电路图

表 B-1 扩展板接口与 FPGA 引脚连接

DE2(JP2 引脚)	FPGA 引脚	扩展板信号	DE2(JP2 引脚)	FPGA 引脚	扩展板信号
1	PIN_K25	C8	2	PIN_K26	
3	PIN_M22	C7	4	PIN_M23	
5	PIN_M19	C6	6	PIN_M20	Seg_a
7	PIN_N20	C5	8	PIN_M21	Seg_b
9	PIN_M24	C4	10	PIN_M25	Seg_c
11(VCC5)			12(GND)		
13	PIN_N24	C3	14	PIN_P24	Seg_d
15	PIN_R25	C2	16	PIN_R24	Seg_e
17	PIN_R20	C1	18	PIN_T22	Seg_f
19	PIN_T23		20	PIN_T24	Seg_g
21	PIN_T25		22	PIN_T18	Seg_dp
23	PIN_T21		24	PIN_T20	Line1
25	PIN_U26		26	PIN_U25	Line2
27	PIN_U23	R1	29	PIN_U24	Line3
29(VCC33)			30(GND)		
31	PIN_R19	Y1	32	PIN_T19	Line4
33	PIN_U20	G1	34	PIN_U21	Row4
35	PIN_V26	R2	36	PIN_V25	Row3
37	PIN_V24	Y2	38	PIN_V23	Row2
39	PIN_W25	G2	40	PIN_W23	Row1

B.3 DE2 原理图及引脚定义

1. 按键

DE2I 扩展板矩阵式键盘硬件电路图如图 B-3 所示。矩阵键盘与 FPGA 引脚连接如表 B-2 所示。

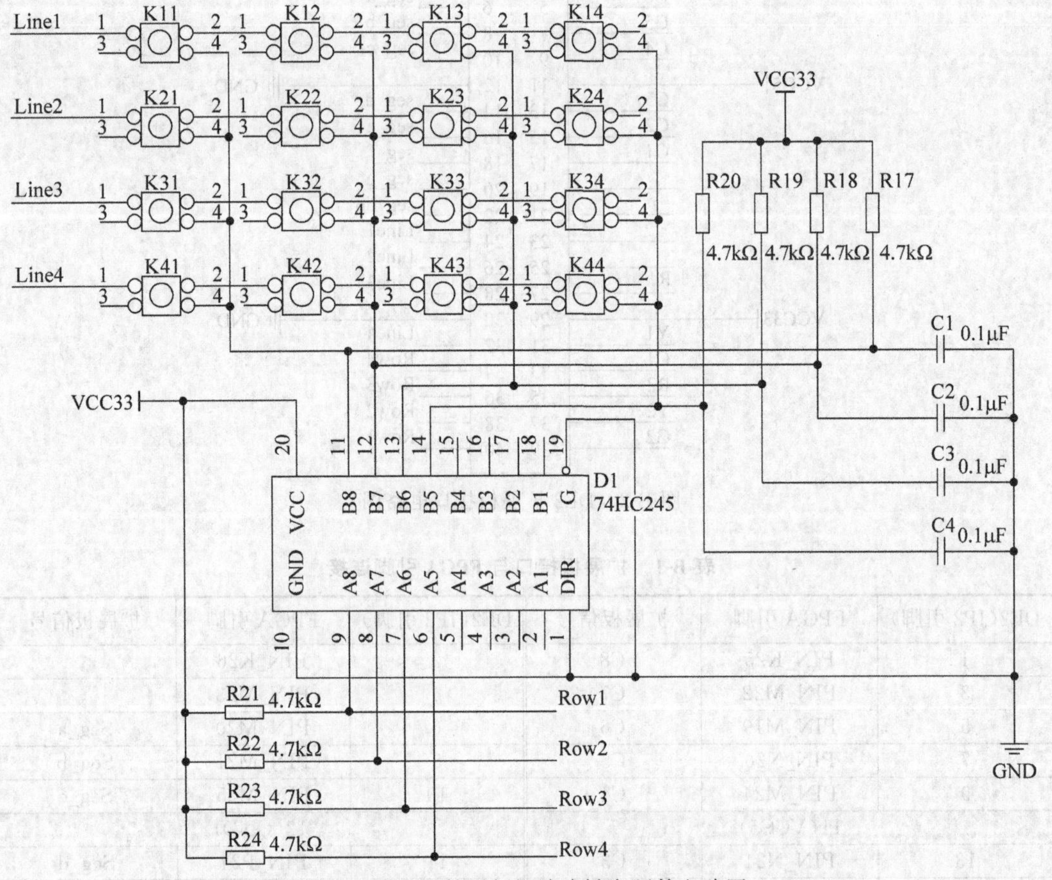

图 B-3 DE2I 扩展板矩阵式键盘硬件电路图

表 B-2 矩阵键盘与 FPGA 引脚连接

信号类型	信号名	FPGA 引脚	备注
行扫信号	Line1	PIN_T20	行扫信号由 FPGA 输出，低电平有效。如：1110、1101、1011、0111
	Line2	PIN_U25	
	Line3	PIN_U24	
	Line4	PIN_T19	
列输入信号	Row1	PIN_W23	FPGA 检测列输入信号，低电平有效
	Row2	PIN_V23	
	Row3	PIN_V25	
	Row4	PIN_U21	

2. 数码管显示

数码管动态扫描硬件电路图如图 B-4 所示。数码管与 FPGA 引脚连接如表 B-3 所示。

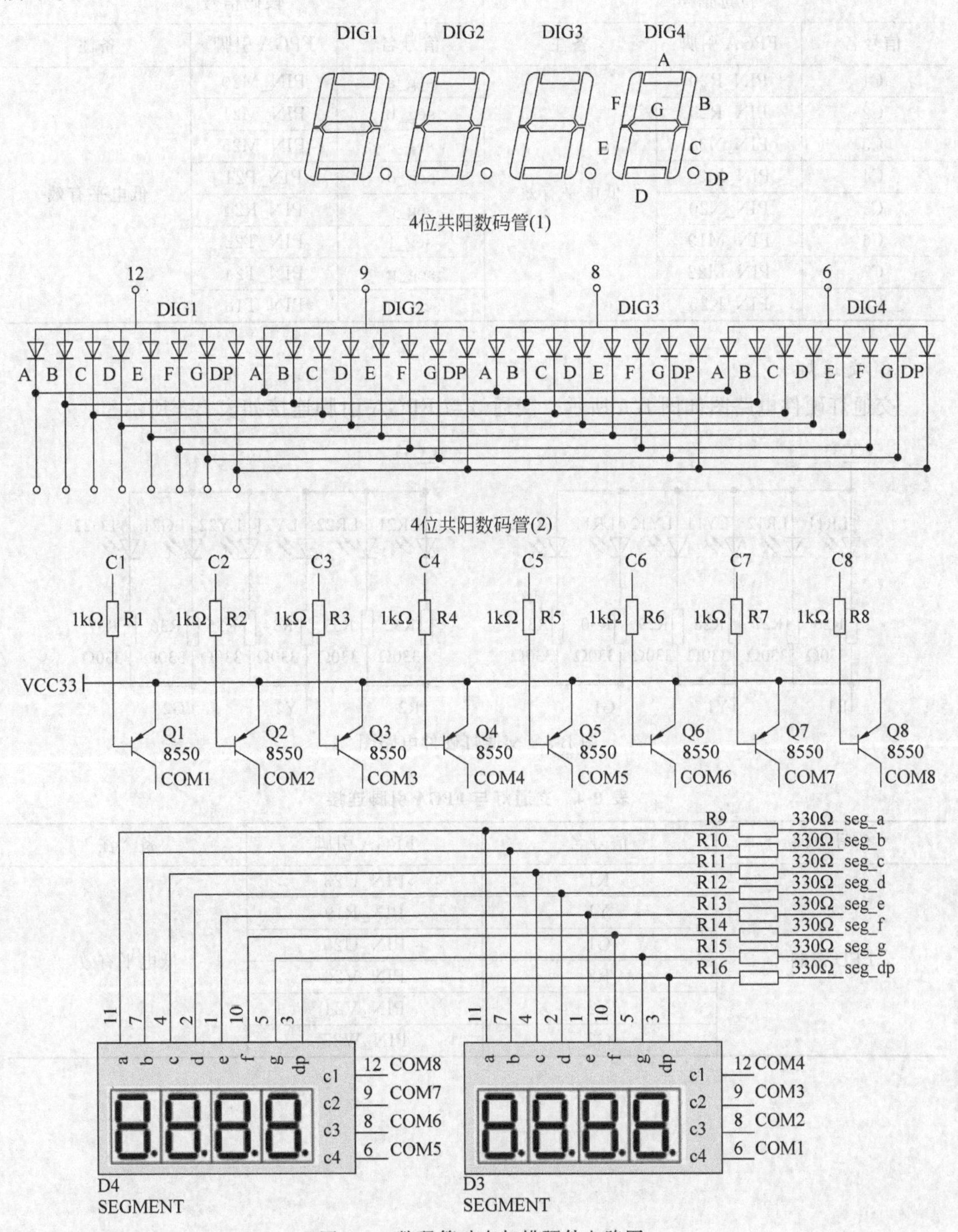

图 B-4 数码管动态扫描硬件电路图

表 B-3 数码管与 FPGA 引脚连接

信号类型					
位选信号			段码信号		
信号名	FPGA 引脚	备注	信号名	FPGA 引脚	备注
C1	PIN_R20	低电平有效	seg_a	PIN_M20	低电平有效
C2	PIN_R25		seg_b	PIN_M21	
C3	PIN_N24		seg_c	PIN_M25	
C4	PIN_M24		seg_d	PIN_P24	
C5	PIN_N20		seg_e	PIN_R24	
C6	PIN_M19		seg_f	PIN_T22	
C7	PIN_M22		seg_g	PIN_T24	
C8	PIN_K25		seg_dp	PIN_T18	

3. 交通灯

交通灯硬件电路图如图 B-5 所示。交通灯与 FPGA 引脚连接如表 B-4 所示。

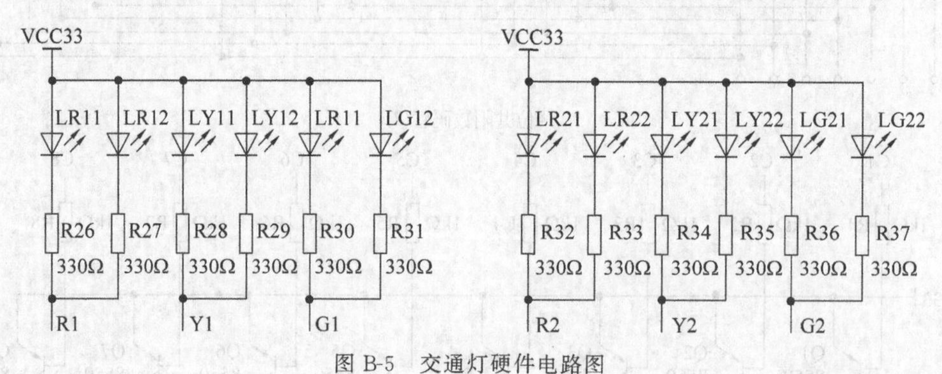

图 B-5 交通灯硬件电路图

表 B-4 交通灯与 FPGA 引脚连接

信号类型	信号名	FPGA 引脚	备 注
LED 控制	R1	PIN_U23	低电平有效
	Y1	PIN_R19	
	G1	PIN_U20	
	R2	PIN_V26	
	Y2	PIN_V24	
	G2	PIN_W25	

参考文献

[1] 潘松，黄继业. EDA 技术与 VHDL[M]. 北京：清华大学出版社，2017.

[2] 黄任. VHDL 入门/解惑/经典实例/经验总结[M]. 北京：北京航空航天大学出版社，2005.

[3] 张瑾，李泽光. EDA 技术及应用[M]. 北京：清华大学出版社，2018.

[4] BEZERRA E A, LETTNIN D V. Synthesizable VHDL Design for FPGAs[M]. Springer，2013.

[5] CHU P P. RTL Hardware Design Using VHDL[M]. John Wiley & Sons，2006.

[6] 任勇峰，新敏. VHDL 与硬件实现速成[M]. 北京：国防工业出版社，2005.

[7] 阎石. 数字电子技术基础[M]. 5 版. 北京：高等教育出版社，2011.

[8] 谭会生，张昌凡. EDA 技术及应用[M]. 4 版. 西安：西安电子科技大学出版社，2016.

图书资源支持

感谢您一直以来对清华大学出版社图书的支持和爱护。为了配合本书的使用，本书提供配套的资源，有需求的读者请扫描下方的“书圈”微信公众号二维码，在图书专区下载，也可以拨打电话或发送电子邮件咨询。

如果您在使用本书的过程中遇到了什么问题，或者有相关图书出版计划，也请您发邮件告诉我们，以便我们更好地为您服务。

我们的联系方式：

地　　址：北京市海淀区双清路学研大厦 A 座 701

邮　　编：100084

电　　话：010-83470236　010-83470237

资源下载：http://www.tup.com.cn

客服邮箱：tupjsj@vip.163.com

QQ：2301891038（请写明您的单位和姓名）

教学资源 · 教学样书 · 新书信息

人工智能科学与技术
人工智能|电子通信|自动控制

资料下载 · 样书申请

书圈

用微信扫一扫右边的二维码，即可关注清华大学出版社公众号。